天才 學家的 密大爆料

すごい科学者の
アカン話

前言

本書所介紹的亞里斯多德、達爾文、牛頓等人，都是名垂青史的偉大科學家。但是這些人的人生並非一路順遂、成功，其實他們也遭遇了不少挫折，或是有著令人不可置信的另一面。例如大發明家愛迪生一天到晚試驗失敗；古希臘科學家亞里斯多德的錯誤見解竟然帶給後世極大的影響。甚至也有像波茲曼這樣，因為學說不被認同，最終選擇結束自己生命的科學家存在。

此外，其實也不是每一位科學家都是性格善良、十全十美的人。像是牛頓就固執到讓周圍的人很反感；野口英世甚至把聘金用在飲酒玩樂上；達爾文心思細膩又敏感，跟太多陌生人說話就會身體不適等，這些令人訝異的事蹟不勝枚舉。原來，超厲害科學家也和我們一樣，有各自的缺點和弱點。

不過，這些偉人們都有一個共通的特點，那就是他們都非常喜歡「科學」！他們追求真理的方式不同，可能透過做實驗、野外採集、深入思考等，但他們都用上整個人生鑽研科學，一旦有了重大發現便會相當感動，當然失敗時想必也是悔恨痛哭啊！

本書毫不保留地介紹了40位科學家的優點、缺點，以及他們最真實的人生。讀完這本書後，想必會讓你覺得和科學更加親近。

目錄

祕密大爆料 1 生物學家・醫學家

祕密大爆料 2 物理學家

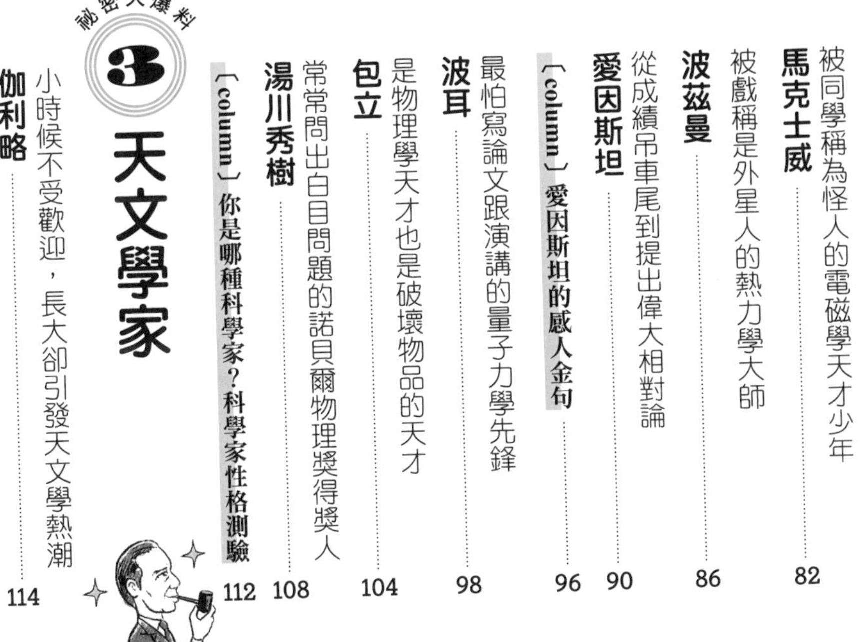

秘密大爆料 3 天文學家

秘密大爆料 4 發明家

秘密大爆料 5 數學家

秘密大爆料 6 化學家

生物學家・醫學家

生物學家・醫學家的祕密

他是誰？

英國博物學家。仔細觀察了世界各地的地質與生物後，在 1859 年出版了《物種起源》這本書。

在念醫學院時逃跑的天才博物學家
達爾文

1809～1882年

個性 做事謹慎。龜毛、頑固

最害怕 看到血

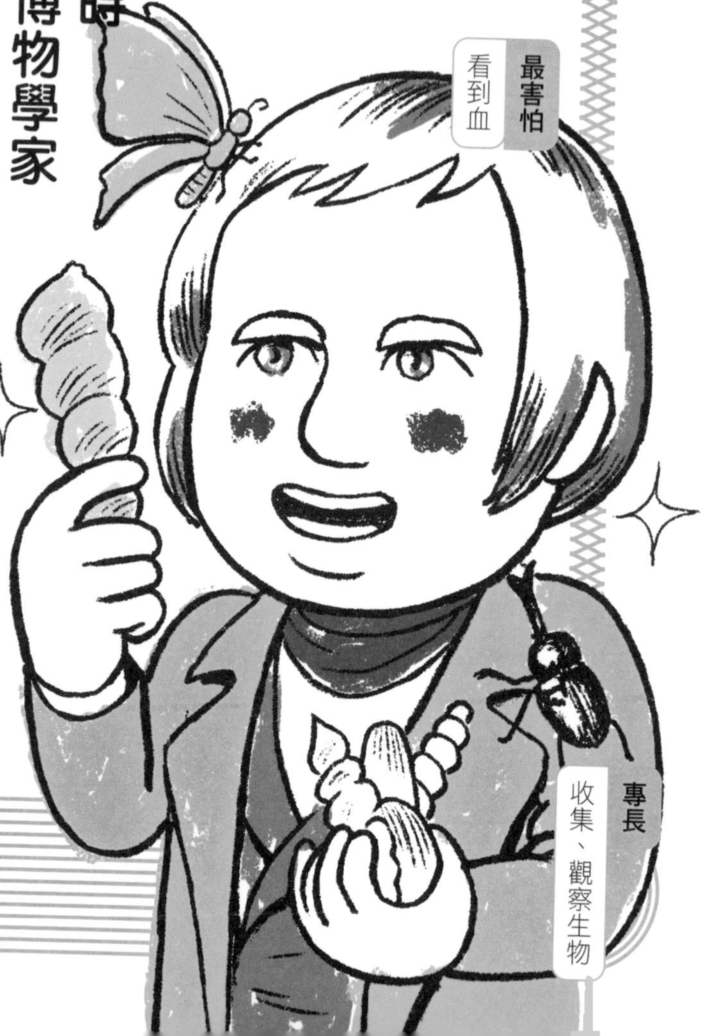

我只想做自己喜歡的事！

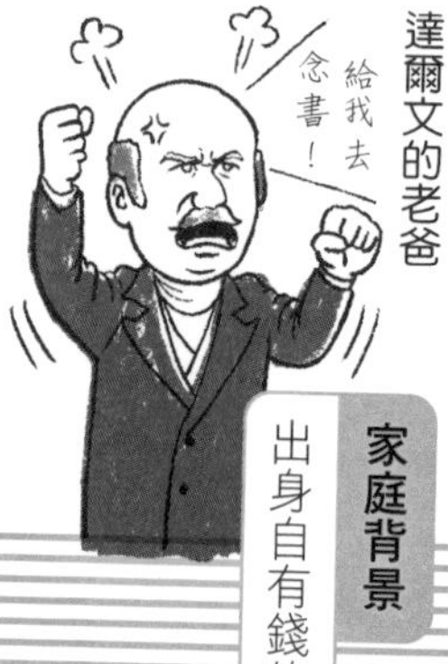

給我去念書！

達爾文的老爸

家庭背景 出身自有錢的家族

專長 收集、觀察生物

在手術實習中落荒而逃

查爾斯・達爾文是在19世紀，把進化論推廣到全世界的博物學家。不過，這位精通動物、植物、地質等科學的名人，似乎還有我們不知道的另一面。

其實，達爾文在學生時代每天都翹課，成績也不太好。達爾文的老爸是位醫生，對於兒子的「吊車尾」成績失望透頂，常常感嘆兒子怎麼這麼不成材，他認為再這樣下去不行，於是想盡辦法將達爾文送進了大學，讓他和自己一樣走上習醫之路。但是，達爾文對醫學領域的學問根本沒興趣，翹課是家常便飯。除此之外，達爾文非常害怕看到血，甚至有兩次在手術實習中逃跑的紀錄。最後，達爾文在醫學院只待了兩年就退學了，老父親的心願也付諸流水。

後來，達爾文的老爸轉而希望他成為牧師，並請來家庭教師逼他努力讀書，讓他能進入劍橋大學神學院就讀。這時候的達爾文心想：「太好了！當牧師的話就可以在空閒時間做自己喜歡的事了吧！」於是他答應了父親。實際上，達爾文並沒有好好學習，比起讀書，他更喜歡花時間在騎馬和打牌。

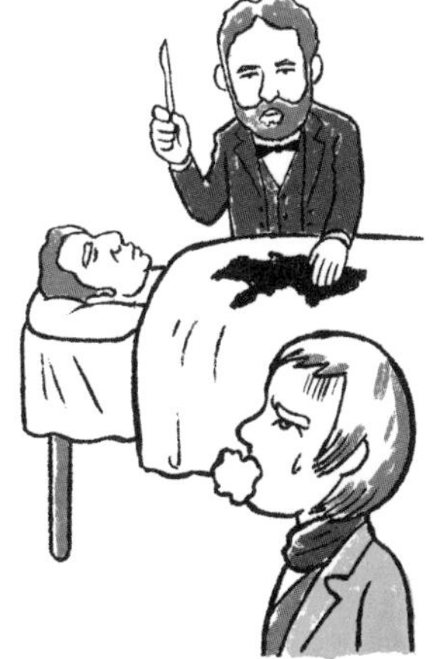

達爾文的喃喃自語

這時候動手術還沒辦法麻醉耶，不覺得很可怕嗎？比起來，蒐集石頭、植物和昆蟲快樂多了嘛（笑）！

達爾文的喃喃自語
我在小獵犬號上讀了查爾斯 · 萊爾的《地質學原理》，其中說明地質的長期變化，這本書多少幫助了我發展出「進化論」的構想。

達爾文這麼叛逆，之後卻變成英鎊鈔票上的人物！這應該是他老爸完全料想不到的吧！

一股腦蒐集獨角仙

達爾文的生活其實不是只有玩樂而已，他的興趣是「博物學」，他非常熱愛觀察與蒐集各種罕見的石頭、貝類、植物和昆蟲等。在就讀神學院期間，達爾文和植物學家韓斯洛成了好朋友，他們不顧課業，只一股腦地蒐集獨角仙。

達爾文之所以可以完全投入在自己的興趣當中，可以說是因為他家裡非常有錢，他在金錢的運用上相當自由，從沒打算去工作，一直依靠爸媽提供生活費，所以可以把大部分時間都耗費在他最喜歡的博物學上。

展開探查之旅

大學畢業後，達爾文在韓斯洛的推薦下，決定登上海軍測量船「小獵犬號」到世界各地探險。父親原本以為兒子會當上牧師，所以強烈反對這個決定，但最後還是敗給了兒子的熱忱，心不甘情不願地同意了。

達爾文這趟旅程並沒有安排什麼特別

任務，他表面上以地質學家的名義登船，實際上每天只是陪船長聊聊天，除此之外就是不斷地讀書。達爾文待在船上的五年間，觀察到了各地的地質與生物，也蒐集了不少標本，給了他很大的啟發，這段旅程，可以說是促成他發表進化論（↓第12頁）的源頭。

達爾文可以發表出進化論，是因為他不太需要煩惱其他的事情吧！他有非常充足的金錢和時間，可以慢慢累積自己的觀察、進一步整理出理論來。

每天照行程表過日子

達爾文的父親因為太擔心兒子的未來，曾經勸他和表姐艾瑪結婚。艾瑪個性務實，達爾文的父親相信她一定能好好協助達爾文。不過，達爾文一直無法下定決心結婚。據說他很認真的把結婚的優點、缺點詳細列出，並且分析到底該不該結婚。除此之外，達爾文也會仔細規劃自己一整天的行程安排，幾乎以每小時為單位、詳細地寫在紙上。仔細觀察他的行程，每天大約花5個小時作研究，除此之外根本無所事事，不是散步，就是和太太一起看書、吃飯，過著悠閒的生活。

偷看「達爾文的一天」

7:00	起床
7:45	早餐
8:00	研究
9:30	讀信
10:30	研究
12:45	與家人共進午餐
15:00	請艾瑪朗讀書籍
16:00	散步
16:30	研究
18:00	與艾瑪一同度過
19:30	晚餐
22:00	就寢

達爾文老爸的抱怨

查爾斯結婚後，我還是每個月給他生活費。那傢伙不管幾歲都像個小孩一樣，什麼時候才會長大啊！

達爾文太太艾瑪的爆料
查爾斯很愛我們全家人，他每次都叫我「媽咪」、對我撒嬌（羞）。

不擅長社交活動

達爾文內心纖細，不太擅長交朋友，如果短時間跟很多人見面就會臥病不起。而且，他會因為壓力太大而出現很明顯的

科學小知識

達爾文的《物種起源》

達爾文生活的時代認為生物並不會演變。不過，達爾文卻認為：「生物會以很緩慢的速度產生些微變化，變得更適合生存下來，而且當陸地產生變化、出現新的棲息地時，生物也會逐漸適應該地。」這就是達爾文的「進化論」。

達爾文曾搭上小獵犬號到各地觀察動植物，並分析自己蒐集到的大量標本及化石，花了23年的時間，終於歸納出進化論，並發表《物種起源》一書。但是，達爾文認為「人類與其他生物具有相同的祖先」的論點，和基督教的「神是造物主」教義互相對立，因此也出現了不少敵視達爾文的人。這也是為什麼心思細膩又謹慎的達爾文會耗費這麼久的時間才出版《物種起源》一書。

生理反應，比如說在發表研究結果前，或是接近截稿日的時候，他就會反胃想吐、失眠。看過最多達爾文不為人知的一面的，就是他的太太艾瑪，艾瑪可以說是最了解達爾文的人，她總是陪在達爾文身邊，偶爾針對論文提供意見，或者彈琴給達爾文聽。達爾文和艾瑪在一起時，總是特別自在、放鬆。順帶一提，達爾文有10個孩子，他也是個相當疼愛孩子的父親，這也算是令人驚訝的一面吧！

不論好壞，達爾文就是這樣的人

- **靠父母的金錢生活，一輩子沒有工作過。**
- **神經質又龜毛。**
- **經過長年累月才將自己的想法統整出來。**

達爾文發現的鳥喙多樣性

達爾文觀察到，鳥嘴（鳥喙）的形狀跟鳥吃的食物有關。鳥喙較粗大的鳥，大部分是吃堅硬果實的；鳥喙較細小的鳥，大多是吃蟲子的。

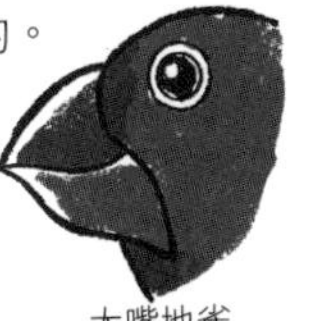

大嘴地雀

勇地雀

小樹雀

鶯雀

達爾文的喃喃自語

小獵犬號停留在加拉巴哥群島的期間，我在島上遇見了許多種象龜和雀鳥，這座島也成為我想出進化論的契機。

生物學家·醫學家的祕密

他是誰？
奧地利遺傳學家，從豌豆的交配實驗發現了遺傳法則。
當時不被注意，直到 1900 年才獲得重視。

過世以後才受重視的遺傳學之父
孟德爾
1822～1884年

最害怕 出售自己的研究成果

弱點 體弱多病

個性 怕生

專長 數學（尤其是機率和統計）

體弱多病的少年

孟德爾從小就很害羞、內向，他在學校只要稍微不開心就會立刻請假，而且他請假的時間不是只有幾天，有時甚至長達好幾個月。

孟德爾的父母都在農園工作，孟德爾因為身體虛弱，幫不上什麼忙，但他天生就是個聰明的孩子，所以他會一邊上學、一邊兼差當家教來幫忙家計。很神奇的是，孟德爾只要在讀書時就會精神百倍，和平常孱弱的模樣不同，這也讓他覺得自己未來可能很適合當老師。

孟德爾原本就讀的是專科學校，但是他打算更深入的學習科學，然而，家裡沒有足夠的金錢讓他念大學，於是他打消了進入大學的想法。當時的修道院就像學校一樣，是提供各種知識的場所，而且不需要什麼花費，於是孟德爾決定轉而到修道院學習。

從一片超小的田地開始

孟德爾在修道院的生活非常清閒，當時修道院中的一角，有一塊極小的田地，孟德爾就在這裡種了一些豌豆。他準備了各種豌豆苗，包含長得比較高的豌豆苗，和長得比較矮的豌豆苗，接著孟德爾將它們配種（讓豌豆授粉後結種），他想確認這樣一來會長出什麼樣的豌豆。

當時的科學常識普遍認為，將較高的豌豆苗和較矮的豌豆苗配種後，應該會長出中等高度的豌豆苗。

不過，結果是所有種子都長成較高的

孟德爾的感嘆

當時我得到了修道院院長的允許，所以可以很專心的做實驗。但很尷尬的是，在我當上修道院院長之後，就忙到沒時間做實驗了，唉。

豌豆苗，但是，再下一代的豌豆，則出現高的豌豆苗和矮的豌豆苗數量約為3比1的現象。

一開始孟德爾覺得不可思議，但他運用自己擅長的數學（尤其是機率和統計），說明了第三代豌豆苗數量為3比1的原因。這被稱為「孟德爾定律」，也是日後遺傳學的起源。

直到得出這樣的結果出現以前，孟德爾已經花了8年的歲月研究。這段期間使用的豌豆苗，竟然達到1萬3000株這麼多！

沒有人理解的孤單

孟德爾立刻透過演講發表自己的研究結果，但是沒什麼人理睬他，因為對於那個時代而言，孟德爾只是個默默無聞的研

科學小知識

孟德爾定律

孟德爾從遺傳現象中，找出了一項原則和兩項定律。所謂遺傳，就是指生物特徵（以豌豆來說，就是豌豆苗的高度、種子的形狀等）由親代傳給子代的現象，而構成這些特徵的基礎就是「基因」。

豌豆的基因中，有讓豌豆苗較高的基因（A），以及讓豌豆苗較矮的基因（a），這兩個基因稱為「等位基因」，在組成一組後作用。如果將較高豆苗的基因（AA）和較矮豆苗的基因（aa）配種，如果其子代的豆苗（Aa）都是較高的豆苗，就表示（A）基因具備的特徵比（a）基因更容易出現，也就是（A）基因是顯性基因，而這就是「顯性原則」。

接著，再將兩株較高的豆苗（Aa）互相配種，其子代中，較高的豆苗數量和較矮的豆苗數量會呈現3比1的比例，這就是「分離律」。

究者，而且他的研究結果必須運用很高深的數學，就連其他科學家都無法理解。因此，孟德爾感到非常沮喪，也就此放棄了遺傳學的研究。

直到孟德爾死後16年，有人偶然間發現他發表的論文，他的研究成果才開始流傳至世界各地，也逐漸被世人所認可，更被稱為「遺傳學之父」。

除此之外，豆苗較高或較矮等特徵，並不會對種子的形狀等特徵造成影響，這是「獨立分配律」。

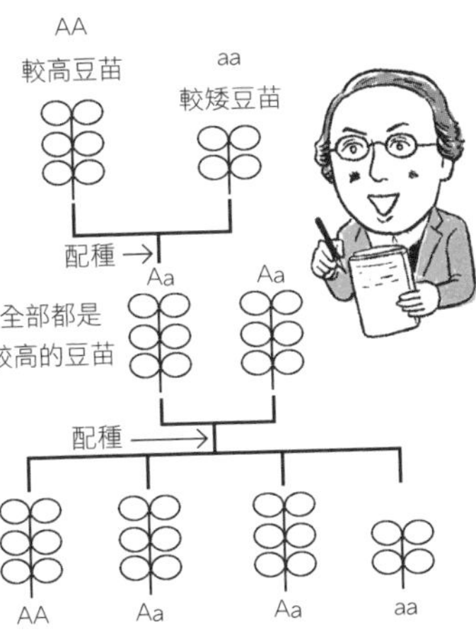

其中 3 組為高豆苗，1 組為矮豆苗。

不論好壞，孟德爾就是這樣的人

- 身體不好，時常臥病在床。
- 發表了偉大定律，卻因為太難理解而不受重視。
- 死後十六年才獲得認同。

孟德爾的喃喃自語

我把論文寄給知名的生物學家，卻被退回了。但我相信，總有一天屬於我的時代會到來的！

他是誰？

法國博物學家、昆蟲學家。主要研究昆蟲的行動與生態，他花了 30 年統整為《昆蟲記》一書，廣為流傳於全世界。

法布爾

1823～1915年

中年失業反而寫出經典名作《昆蟲記》

個性
敏感、急性子、容易生氣

不管看多久都不會膩～

家人
家境非常貧窮

興趣
觀察昆蟲。最喜歡的是糞金龜

出身貧窮

法布爾出生於非常貧窮的家庭。他的父母都沒有經商的天分，好不容易開了咖啡廳卻還是倒閉收場。可憐的法布爾從小就跟著爸媽四處搬家，最後，一家人也各分東西。法布爾只好用勞力賺取每天的生活費，就這樣過著有一餐沒一餐的日子。

幸好，法布爾在學校的成績一直都很不錯，後來他從公費的師範學校畢業，一邊擔任小學老師，一邊仍然持續努力讀書，後來更進入國中教書。不過，當時老師的薪水並不高，所以法布爾身上也沒什麼積蓄，就連他的知名著作《昆蟲記》出版之後，他也沒有搖身一變成為富翁。

意外被學校開除

法布爾從小就喜歡研究昆蟲，雖然生活說不上富裕，但他除了工作之外，剩下的時間就是一股腦栽進昆蟲的世界。法布爾最喜歡的昆蟲就是糞金龜，他也很喜歡菇類，甚至被稱為「香菇宅宅」。另外，他也有繪畫天分，曾經畫了許多菇類的水彩畫。

時光飛逝，轉眼法布爾就快50歲了，這時，世人開始重視起昆蟲相關的研究，沒想到，這反而是法布爾不幸的開始。

某一天，法布爾正對著台下的女學生說明植物授粉的內容，植物的授粉，是指植物的雌蕊沾上了雄蕊的花粉，透過這種授粉方式，結成下一代的種子。然而，當

糞金龜的爆料

法布爾老師為了蒐集我們的糞便，竟然還付錢請小朋友們幫忙，真是個怪人啊！

法布爾的喃喃自語

我在教書時很受學生歡迎呢！不過，後來被學校誤會，也產生了想辭職的念頭。現在沒了工作，剛好可以好好來研究昆蟲！

時的法國社會認為，這種知識內容帶有情色意味，男老師怎麼可以公然在課堂上教給女同學呢？真是太糟糕了！法布爾就因為這樣而丟了飯碗，成為失業一族。

不過，失去工作的法布爾並沒有因此灰心喪志，他決定豁出去了。

科學小知識

《昆蟲記》當時不受好評的原因

在法布爾在世的年代，所謂的昆蟲研究，是指採集昆蟲後，再將昆蟲做成標本並分類。

不過，法布爾不只如此，他同時也研究活著的昆蟲的行為和生態。甚至最早發現費洛蒙會驅使昆蟲做出特定行動的，也是法布爾。

在當時基督教的教義中，蟲屬於低等生物，沒有人會認為昆蟲的行動是源自複雜的機制，因此，也有人批評法布爾的研究。

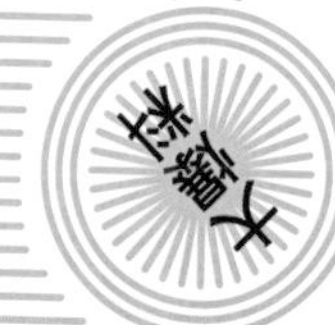

「這樣也不錯，我就可以專心地研究昆蟲了！」

這麼想的法布爾，便著迷般地更熱衷於觀察昆蟲。後來，他靠著這股非比尋常的熱情，撰寫出將近一百本著作，其中也包括日後成名的《昆蟲記》。

法布爾是誰？

現在，大概沒有人不知道法布爾是誰了吧！

不過，在法布爾的祖國法國，面對像法布爾這樣會趴在地面認真觀察昆蟲的人，大多數的法國人只會覺得「這個人好奇怪」罷了，即使是在現在的法國也是如此。沒想到，日後法布爾的《昆蟲記》卻被翻譯成德文版及荷蘭文版，後來更成為舉世聞名的經典著作。在台灣，也有不少大人、小孩為這本書著迷呢！

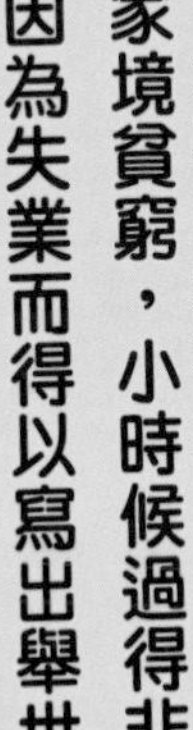

不論好壞，法布爾就是這樣的人

- **家境貧窮，小時候過得非常苦。**
- **因為失業而得以寫出舉世聞名的《昆蟲記》。**
- **在祖國法國並不有名。**

他是誰？
發現並命名了上千種植物，為世界的植物分類奠定基礎，
著有《牧野日本植物圖鑑》等多部作品。
生物學家·醫學家的祕密
1862～1957年
牧野富太郎
小學沒畢業的日本植物學之父
別稱
草木精靈、植物精靈轉世者
最討厭
讀考試用書
專長
採集植物
我最喜歡植物了♥
興趣
買書
個性
樂觀
家庭
有13個孩子

小學沒畢業的植物學家

牧野富太郎是出身自日本高知縣的植物學家，不過其實他連小學都沒念完。如果因為這樣就認為「他一定很笨！」的話，那你就錯了，富太郎的故鄉，也就是高知縣佐川町，是個孕育出許多知名學者的教育先進地區。富太郎身為酒商的獨生子，他早在上小學之前就學完了基礎知識，學校課程已經無法滿足他的求知欲。

在他升上小學二年級後，就決定不繼續上學。不再需要去學校的牧野富太郎，便把大自然當作教室，每天觀察、採集植物，過著他最喜歡的生活。

他之所以可以每天過著「玩樂」的日子，當然也是因為家裡相當富裕的關係。

富太郎完全不想繼承家裡的事業，甚至可以說對賺錢一點興趣都沒有。雖然他在15歲時就當上小學老師，但只教了兩年就離職了。離職後的他同樣完全投入植物的世界裡，他甚至跑到離家非常遙遠的地方，過著「不繭居的尼特族（不去工作、但也不會只窩在家裡面）」生活。

被禁止進入大學

富太郎靠自己獨自學習，持續研究，成為了連植物博士都甘拜下風的人。他甚至還會到東京帝國大學（今日的東京大學），和大學生們一起上植物學課程，也是從這時候起，他立志出版日本第一本植物圖鑑《日本植物志圖篇》。

不過，富太郎卻突然被禁止進入大學教室。原來是因為富太郎雖然沒有讀大

富太郎的喃喃自語

我之所以會從小學中輟，是因為我渴望自由。我想隨心所欲地讀書、採集植物，這才是最棒的生活啊！

學，卻具有豐富的植物知識，老家又有雄厚的財力，想出書就可以出書，這似乎引來了大學教授們的反感。而且，富太郎也很擅長畫畫，不只可以負責圖鑑裡的文字，連圖片都可以自己畫出來！想必讓大學裡的教授們相形失色了。

也有為錢所困的時候

富太郎一直仰賴老家的資金援助。不過在他結婚後，隨著孩子一個一個出生，富太郎也變得越來越貧困。別說是自費出書了，就連生活都很困苦，富太郎甚至無法繼續他的研究，人生出現了危機。

令人意外的是，他對於植物學的熱情絲毫不受影響，當時，他已經蒐集了60萬件植物標本。他生了13個孩子，全家人和他的標本、藏書，全都擠在只有2個房間

科學小知識

富太郎發現的植物

日本共有六千種植物，其中由富太郎所發現並命名的植物就有一千種。富太郎在他的一生中，共蒐集了60萬件標本，留下了豐富的植物觀察記錄。並收錄在《牧野日本植物圖鑑》。

北美刺龍葵（上）、粗毛牛膝菊（下）這兩種常見雜草，都是由富太郎所命名。

的小屋子裡。

即使沒有錢，富太郎還是有好朋友和家人。在朋友的幫忙下，他好不容易獲得東京帝國大學的研究助理工作，但每個月才15日圓的薪水根本不夠支付大家庭的伙食費，久而久之，他的負債已經累積到2000日圓之多（換算約為今日新臺幣2000萬元）。為金錢而苦的富太郎，甚至打算賣掉一半的標本以償還債務。他為了逃離上門討債的人，還搬了18次家。

他的妻子壽衛子雖然面臨這麼艱難的處境，但看著燃燒生命、每晚熬夜研究植物的富太郎，也從未對他有怨言。

不論好壞，牧野富太郎就是這樣的人

- 最喜歡大自然、最愛植物。
- 沒有金錢觀念，晚年負債累累。
- 即使生活潦倒，也保持著對研究的熱情。

富太郎的妻子・壽衛子的告白

丈夫在我去世後，還以我的名字命名新品種的赤竹呢！叫做「壽衛子笹」，很可愛吧♥

他是誰？
研究內容包含生物、植物、民俗、人類學等多種領域的博物學家，其中還採集了許多種類的黏菌。

斗膽將黏菌獻給天皇的生物學家
南方熊楠

1867～1941年

個性 血氣方剛、熱愛自由

怪癖 夏天都不穿衣服

興趣 喝酒

專長 朝別人嘔吐、記憶力超好

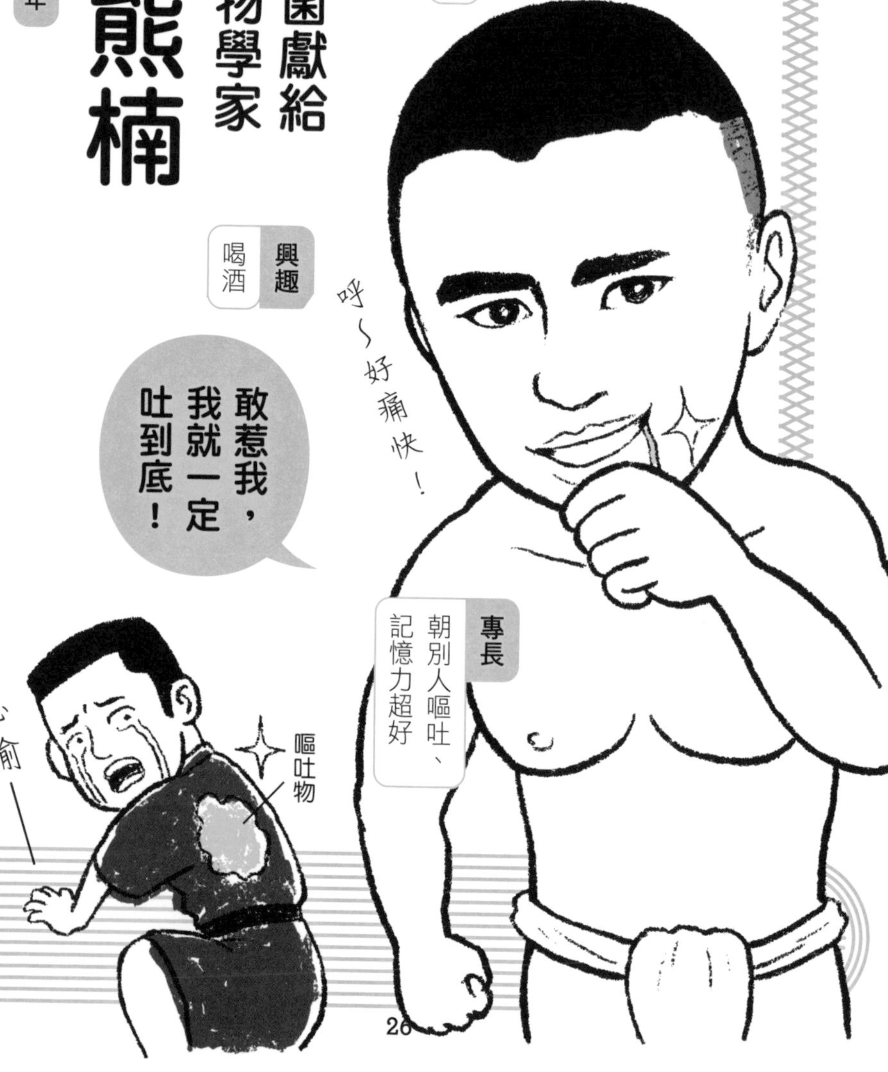

敢惹我，我就一定吐到底！

呼～好痛快！

流浪到美國，甚至加入馬戲團！？

熊楠是與生俱來的天才，他的記憶力非常好，也喜歡學習，但是他非常討厭上學。他曾進入東京的大學預備學校（今日的東京大學）就讀，但在大學落榜後便退學，更於19歲時前往美國。

他在美國雖然也有上大學，但他常常曠課，自己到野外採集植物、石頭，或是窩在圖書室裡讀書。有一天，熊楠在禁止飲酒的大學宿舍內，與朋友喝酒喝到醉醺醺，還被校長發現，但熊楠卻說只有自己一個人喝酒，結果又被退學了。

接著，熊楠便展開了他的流浪生活。他曾踏遍美國各地，甚至還到過古巴等西印度群島國家，過著四處採集植物、黏菌（↓第30頁）、昆蟲的生活，更靠著自學就寫出論文。當錢花光了，就工作賺錢，再用賺來的錢繼續四處旅遊，熊楠在美國過著十分自在的生活。

當他來到古巴時，不知為何竟然加入了馬戲團。待在馬戲團的兩個月內，他協助象伕工作，走遍了南美洲各國。

直到熊楠發現了相當罕見的地衣（由真菌和藻類共生而成的複合生物體）時，他也在美國待了6年之久。

在大英博物館內打架？

在英國的大英博物館，一片寂靜的圖書室裡，忽然傳出了怒吼聲，也引發了騷動，究竟怎麼回事呢？

在美國流浪一段時間後，熊楠來到

熊楠的酒後吐真言

偷偷告訴你，只要到大家喝酒的地方，就可以立刻學會最道地的外語喔！我都是這樣跟當地人熟悉起來的（噓）。

熊楠的辯解

我只是警告在圖書館吵鬧的女人而已，博物館員工就來罵我了，她一定是看我長得帥，想跟我多說幾句話。

了英國。他每天前往大英博物館圖書室閱讀書籍，並透過抄寫書裡的內容來學習知識。然而，某一天，有人在圖書館對熊楠說出了種族歧視言論，熊楠一氣之下便揍了對方，這可是在大英博物館中前所未見的暴力事件。

熊楠抱持著身為日本人的驕傲，無法忍受他人歧視的言論，才會忍不住衝動、打了對方。

這次事件讓熊楠被大英博物館禁止入館2個月，但一年後，他又和博物館員工槓上了。結果是，熊楠被永久列入博物館黑名單，再也不能進入大英博物館。這麼看來，熊楠就是個脾氣火爆的傢伙吧？

每次都「吐」贏人家

然而，熊楠不只是脾氣不太好而已。

在生氣的時候，他還會運用自己的特殊能力，那就是隨時都可以吐出吃進肚子的食物，簡直就像牛轉世的。每當他在學校跟同學發生爭執時，他就會朝對方的臉嘔吐。靠著這個奇妙的專長，熊楠幾乎沒有跟人吵輸、打輸過。

不過，如果你以為這只是年輕人容易意氣用事罷了，那你就錯了，熊楠長大成人之後，並沒有變得更懂事一些，還曾經在暴怒之下，到對方家門口嘔吐。此外，他的朋友也在信中提過，熊楠到英國倫敦留學時，曾經在日本大使館的地毯留下嘔吐物，也曾因為喝醉在倫敦街頭隨地小便，由於熊楠的鬧事紀錄不少，他和日本大使館官員的關係並不好，對方也曾痛罵他的脫序行為。

大概是因為這樣，熊楠才會在大使館留下他的「記號」吧！

在牢獄中發現罕見的黏菌

熊楠在34歲那年回到他的故鄉和歌山。和歌山位於紀伊半島，是一座生物種類和自然資源都很豐富的島嶼，他勤奮地採集植物、菌類、黏菌等，再製作成標本，也在知名國外期刊《自然》上發表論文。其中，又以贈予大英博物館的46件黏菌標本獲得最高評價，熊楠成為了全球頗具地位的黏菌研究者。

此時卻又發生了一個問題。當時的日本政府為了方便管理神社，發布了「合併神社」的命令，下令將各個聚落的神社，以町或村為單位合併成一座神社。但是，每一座神社對當地人來說都很重要。而且，神社周圍大多有自古留存至今的森

熊楠老朋友的爆料

熊楠真的很怪，每次一上山就是好幾天不見人影，就像傳說中住在深山裡的天狗一樣！

林，一旦拆掉神社，在森林裡的生物就會失去可以棲息的地方。因此，「合併神社」的命令不只遭到人民強烈反對，對於相當重視大自然的熊楠來說，更是絕對無法容許的事情，他決定反抗政府。結果，熊楠又再次引起了騷動。

熊楠聽說推動「合併神社」的縣政府官員要到某個地方演講，於是打算前往抗議。但到了現場後，他卻被禁止入場，熊楠索性將帶在身上的標本袋丟入會場、大鬧一番，而下場就是被關進監獄裡。據說熊楠當時整個人醉醺醺的。

不過，熊楠並沒有因為被關進監獄而沮喪，令人意外的是，他在極為狹小的牢房內，還發現了罕見的新品種黏菌。甚至到了要被釋放的時候，他還依依不捨的說：「這裡既安靜又涼爽，再留我一段時間吧！」

科學小知識

「黏菌」是什麼？

黏菌雖然有個「菌」字，但和細菌、黴菌不同。周圍有豐富的食物時，黏菌就會像變形蟲般活動；一旦沒有了食物，黏菌就會像植物般動也不動，只會釋放出其子孫「孢子」。簡單地說，黏菌是結合了動物與植物特性的生物。

熊楠觀察到黏菌在一夜之間從動物變成植物的樣子，大概也驚訝於生命的不可思議吧。

黏菌的一生

釋放孢子

孢子

像變形蟲般活動

聚集在一起

把牛奶糖盒子獻給天皇？

熊楠62歲那年，曾為日本昭和天皇講授專業知識。他談到了黏菌及海中生物等，最後則是將自己引以為傲的黏菌標本獻給天皇。

沒想到在場的人看到這一幕時，都嚇傻了！因為熊楠用來裝黏菌的盒子，竟然是「牛奶糖盒子」。

當時還是第二次世界大戰發生前，天皇的地位就像神一般。即使是現在看來，這個行為還是很失禮啊！但熊楠竟然可以若無其事地這麼做，果然是個怪人呢！

嘿—

不論好壞，南方熊楠就是這樣的人

- **記憶力超群，毫無疑問的天才。**
- **血氣方剛，時常與人起衝突。**
- **熱愛祖國，不允許任何人瞧不起國家。**

昭和天皇的告白

我永遠忘不了那時熊楠給我的牛奶糖盒子，不過重要的是盒子裡面的東西而不是外包裝啊，我一點都不在意唷！

生物學家・醫學家的祕密

他是誰？

運用自製的顯微鏡，完成了歷史上第一次的微生物觀察，更被譽為「微生物學之父」。

只想活在自己小宇宙的微生物學之父 雷文霍克

1632～1723年

最害怕 自己的研究被批評

專長 手很巧

家庭狀況 獨生女瑪麗亞最了解他

個性 十分頑固、愛好自由

我要用這個顯微鏡看到所有東西！

爸爸是最棒的！

隱身在布店裡的天才

雷文霍克不是發明家，也不是科學家，而是個布商學徒。他的興趣非常特別，怎麼說呢？店裡有個用來分辨布品質好壞的放大鏡，雷文霍克對這種鏡片很感興趣，於是特別請工匠教他製作的方法。結果，他真的親手把玻璃磨成球形鏡片，還製作出高達500台顯微鏡！

更厲害的是，當時顯微鏡的倍率只能放大50倍，但是雷文霍克製作的顯微鏡（↓第34頁）倍率竟然高達200～300倍。

被誤會是可疑人物

雷文霍克總會迅速結束工作，接著就一直關在房間裡做研究。他偶爾走在路上時，也會不斷尋找有沒有可以觀察的物品，他曾向肉販要過羊的睪丸、牛的眼珠，也曾撈起池塘內的水帶回家，再用顯微鏡觀察。此外，他甚至還向從沒刷過牙的老人討過牙縫的齒垢。

雷文霍克每天會花上好幾個小時，透過顯微鏡觀察許多事物。他從羊的睪丸中看見了精子，也從池水中找到了輪蟲及眼蟲藻。他也從齒垢上觀察到「像梭子魚般快速游動的物體，而且一淋上醋之後就不動了」，原來，那就是可以從人體觀察到的螺旋菌等細菌，這些細菌的長度只有一毫米的百分之一。

沒想到，鎮上的人四處謠傳「雷文霍克看得到大家看不到的東西！」甚至認為他是可疑的魔法師。

而雷文霍克究竟是怎麼樣的人呢？他

雷文霍克的喃喃自語

觀察時千萬不能失誤，例如把A看成B，那可不行！所以我會花好幾個小時甚至好幾天，仔仔細細地觀察。

獨生女瑪麗亞的真心話
不管鎮上的人怎麼說，我都支持爸爸。在我心中，爸爸是最了不起的人！

是世界上第一個用顯微鏡發現肉眼見不到的細小生物，並將其命名為「微小的動物（animalcules）」，是個沉醉於顯微鏡世界的人。時至今日，他被譽為「微生物學之父」。不過，當時他並不讓任何人觸碰他的顯微鏡，只想獨自享受觀察的樂趣。

科學小知識

雷文霍克的顯微鏡

雷文霍克製作的顯微鏡稱作「單式顯微鏡」，主要利用一邊的眼睛透過鏡片觀察，構造非常簡單。使用時，得將樣本裝在針的前端，再將鏡片靠近眼睛，這個過程必須花費很多時間，需要一定的技術及耐心。

今日，學校內使用的顯微鏡屬於「複式顯微鏡」，具備了目鏡和物鏡兩種鏡頭，可以對焦得更精準。

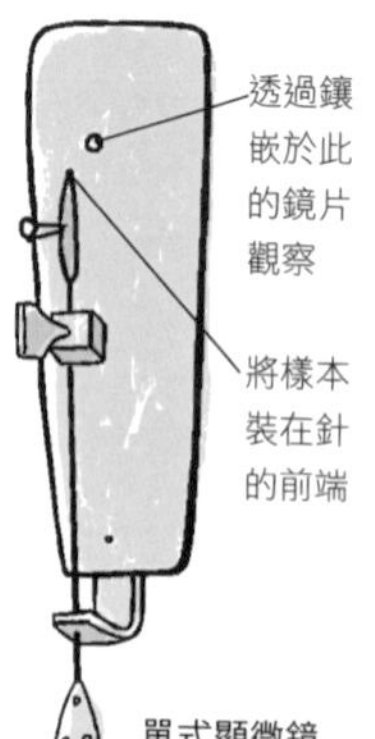

單式顯微鏡

堅守著祕密直到死去

鎮上的醫師格拉夫知道雷文霍克的顯微鏡一事，便告訴英國皇家學會，表示有人能製作出倍率更高的顯微鏡，並將雷文霍克介紹給學會。

英國皇家學會內有許多專業科學家，有些人認為雷文霍克只是業餘的科學研究者，所以不太理會他；也有人看了雷文霍克的詳細觀察紀錄後充滿興趣。而俄國皇帝聽到這些傳言後，更微服出巡拜訪雷文霍克。據說，當時雷文霍克曾讓俄國皇帝透過顯微鏡觀察鰻魚的尾巴，檢視血液在微血管中流動的狀況。科學家們也曾多次拜託雷文霍克，希望了解顯微鏡的製作方式和觀察方式，但雷文霍克一直堅守著祕密，直到他去世。

想必雷文霍克是害怕教了一個人之後，還得再教下一個，因此失去自由的時光吧？也許他直到去世之前，都只是想做自己有興趣的事，當個自由自在的人。

不論好壞，雷文霍克就是這樣的人

- 是個在布店工作的商人，也是業餘科學家。
- 用自己親手製作的顯微鏡觀察了各種東西。
- 直到離世都沒有說出顯微鏡的製作方法。

雷文霍克的喃喃自語

我才不想跟其他人説顯微鏡的事！但我有拜託瑪麗亞，在我死後將顯微鏡送到皇家學會，畢竟當初受到他們不少照顧。

他是誰？

被譽為「近代細菌學的始祖」之一。開發了可防止葡萄酒氧化的低溫殺菌法，以及疫苗的預防接種等技術。

生物學家・醫學家的祕密

最怕跟人握手的細菌學始祖 巴斯德

1822～1895年

興趣 說討厭的人的壞話

個性 認真、無法相信他人

世界上到處都是病原菌！

最害怕 骯髒的東西（因為可能會引發疾病）

妻子瑪莉

成功開發疫苗接種技術

「希望你能幫我找出葡萄酒變酸的原因。」製造葡萄酒的人對巴斯德的這個請託，成為他開始研究肉眼看不見的小生物的契機。當時，巴斯德認為疾病也是微生物引起的，並且開發了疫苗的預防接種技術。所謂疫苗，就是毒性較弱的病原體。將這種病原體接種到人類或動物身上，就能製造出對抗病原體的抗體，進而預防疾病發生。

當時，正值狂犬病大肆流行之際。人被感染狂犬病的狗咬到後，中樞神經會因而麻痺，幾乎無藥可醫。當時的醫生找不到致病的原因，於是人們認為是被狗咬了以後，被不祥的東西附身所導致的。

巴斯德則認為這並不是什麼不祥的東西，而是微生物的作用。

然而，引發狂犬病的原因其實是病毒。只是當時並沒有電子顯微鏡，大家還不清楚比細菌更小的「病毒」究竟是什麼（↓第50頁）。但巴斯德確信：「只要接種疫苗，就可以防止所有疾病！」於是就製作了狂犬病疫苗，並讓患者接種，進而治好了疾病。

此外，巴斯德也成功開發了家畜及人類所感染的炭疽桿菌疫苗。

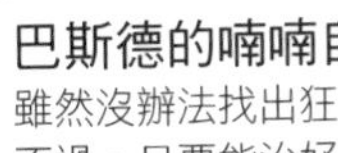

巴斯德的喃喃自語

雖然沒辦法找出狂犬病的病原體真相，即使用光學顯微鏡也看不到。不過，只要能治好病就好。

法布爾的爆料

我嚇了一跳！巴斯德完全不了解蠶啊！而且我們第一次見面，他就突然說想參觀我的酒窖……，他有點失禮。

與法布爾的相遇

1865年間，法國正流行一種由蠶引起的疾病，巴斯德在皇帝的指名下展開相關研究。但他其實根本沒見過蠶，對昆蟲也相當不了解。因此，他決定拜訪一位昆蟲學家，也就是法布爾（↓第18頁）。

當時，巴斯德手裡一邊搖晃著蠶繭、一邊問法布爾：「這個喀啦喀啦的聲音是什麼呀？」把法布爾嚇了一大跳，因為，蠶繭裡面裝的就是蠶蛹，巴斯德竟然渾然不知。

後來，巴斯德查出，這個疾病的原因來自一種菌類，更發現只要上一代的蠶感染了這種菌類，生出來的蠶也會染上同一種病。

於是，巴斯德不僅救了狂犬病患者的

命，還找出蠶患病的原因，儼然成為法國的救世主。在當時的法國國民眼中，巴斯德簡直就是耶穌降臨吧！

雖然巴斯德如此了不起，但私底下的他似乎有著令人意外的一面。

嚴重潔癖

巴斯德個性一板一眼，一點都不有趣，也不太相信他人，整天只忙著工作，也沒什麼朋友。而且因為研究微生物的關係，他也變得越來越神經質。

到了晚年，他的潔癖變得相當嚴重，甚至吃麵包前都要一一捏碎，仔細確認麵包是否沾染病原菌，之後才肯吃進嘴裡。聚餐時，還因為擔心別人身上有病原菌而不願握手。在長期的研究後，他發現這個世界到處都有細菌。

不過，巴斯德是個相當勤勞的人，他45歲時因為腦中風，無法活動左半邊的身體，但他仍持續進行研究。他的妻子瑪莉很擔心他，甚至把他的紙筆給藏起來，想阻止他工作。

巴斯德曾說：「科學沒有國界，但科學家有祖國。」巴斯德可以說靠著研究成果、大大幫助了當時盛行農業的法國，不僅讓釀酒更順利，也解決了蠶引起的疾病，甚至治好了傳染病，對法國人貢獻良多。

勤勉又充滿愛國精神的巴斯德，在世時就受到國民的尊敬與讚賞，這一點就和孟德爾或法布爾不大相同，可以說巴斯德是個幸運的生物學家吧！

巴斯德的喃喃自語

東西一定要加熱過才能吃，杯子也要徹底洗乾淨才能用！不這麼做我就沒辦法放心。

巴斯德妻子 ・ 瑪莉的爆料

有次要跟老公外出時，他在出門前一刻說：「實驗室有點事情，等我一下」接著都過了好幾個小時還不見蹤影（嘆）。

意外被公開的私密實驗筆記

巴斯德的人生並不是一段完美的故事。1895年，巴斯德過世，享壽72歲。他生前曾交代後人要把他總共104本的實驗筆記全部扔掉，但他的孫子卻將這些筆記全都送到了法國國立圖書館。

沒想到，實驗筆記裡寫下了許多巴斯德的不當行為。例如，炭疽桿菌疫苗的製造方式並非巴斯德的發明，而是模仿圖森教授而成；他研發狂犬病的疫苗時，並未經過充分的動物實驗，就直接試行於人類身上等。

透過巴斯德自己留下的實驗筆記，大家發現了他更真實的一面。不過，他在科學上的貢獻仍然幫助了許多人，因此並不影響他的地位。

科學小知識

微生物從哪裡來？

自從西元前的亞里斯多德（↓第66頁）提倡「自然發生說」以來，眾人普遍認為生物會從什麼都沒有的地方自然長出來。

17世紀時，弗朗切斯科・雷迪證明了蛆（蒼蠅的幼蟲）誕生自蟲卵，否定了「自然發生說」。

巴斯德也認為，微生物不會自然出現。他認為空氣中的微生物，應該是沾附到肉這類物體後才會增生的。

因此，他進行了實驗。首先在燒瓶裡放入肉汁，並煮沸肉汁，進行實驗後發現，雖然沸騰可殺死肉汁中的微生物，但並未加上蓋子的燒瓶，裡頭的肉汁仍然會逐漸變得混濁。巴斯德認為，這是因為空氣中的微生物混入肉汁內，進而增生所導致。接下來，他改使用瓶

不論好壞，巴斯德就是這樣的人

- 非常愛國，為了國家而投入研究。
- 即使罹患腦中風，還是不放棄研究。
- 有嚴重的潔癖，甚至不和人握手。

巴斯德的實驗

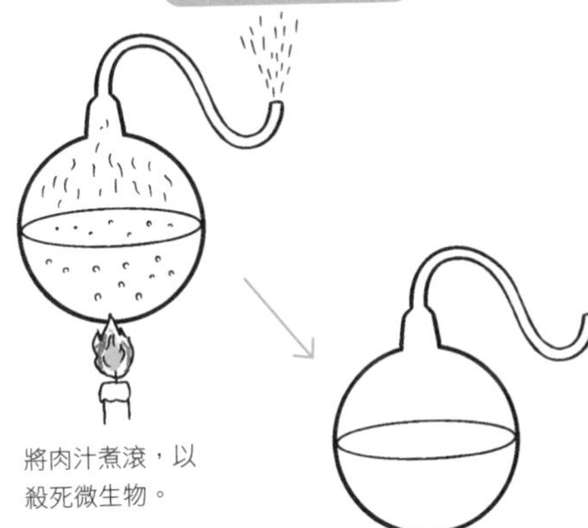

將肉汁煮滾，以殺死微生物。

經過一段時間，肉汁也沒有變化（因為燒瓶的瓶頸較彎曲，相較於一般燒瓶，微生物較難以進入）。

頸如天鵝般彎曲的燒瓶，倒入肉汁後一樣煮至沸騰。不過，即使過了一段時間，肉汁也不會變濁。巴斯德藉此證明，微生物並不會自然產生（如上圖）。

接著，巴斯德又帶著裝有肉汁的燒瓶，前往空氣清新的阿爾卑斯山脈的冰河地帶，並打開蓋子確認肉汁是否會變混濁。結果，相較於都市，在阿爾卑斯山上煮沸的肉汁較不混濁。

巴斯德從這個現象發現，會使物體腐爛的微生物在人較多、空氣較髒處數量也較多；而空氣較潔淨、地勢較高處，微生物的數量也較少。

他是誰？

日本的醫師、細菌學家。成功培養破傷風菌，並利用其抗體發明血清療法，還設立了北里研究所。

大學念了8年才畢業的日本近代醫學之父

北里柴三郎

1853～1931年

個性 認真又頑固、注重人情世故

專長 德文

敵人 東京大學醫學院

綽號 暴怒老爹

因得罪教授而延畢

柴三郎原本想當政治家或軍人，並沒有打算走醫學這條路，後來他感受到醫學能挽救人命，是一門深奧又重要的學問，才決定進入東京醫學校（今日東京大學醫學院）就讀。

柴三郎個性非常認真且頑固，常會忍不住對教授寫的論文插嘴表達意見，屢屢惹火教授們。結果就是他不斷延畢，最後花了8年才終於從大學畢業。

失之交臂的諾貝爾獎

柴三郎好不容易從東京醫學校畢業，接著就在在大學學長緒方正規的推薦下前往德國留學。他的個性認真，深受大家的信賴，更以破傷風菌的純種培養為主、努力研究。破傷風菌是一種細菌，從傷口進入人體後，會引發侵襲人體神經系統的疾病「破傷風」。

柴三郎不只成功完成破傷風菌的純種培養（只含有一種細胞的培養物），更找到治療該疾病的方法（↓第44頁）。

1901年，柴三郎被列為諾貝爾獎的候選人，最後獲獎的卻只有和他一起做研究的歐洲人貝林。據說這和歐洲人對亞洲人的歧視有關。

與東京大學為敵

柴三郎打算在回到日本後，建立一所傳染病研究所。當時，學長緒方正規剛好在東京大學內擔任教授，影響力很大。柴三郎聽聞緒方發表了「腳氣病的原因是細

柴三郎的喃喃自語

我一點都不在意沒有獲得諾貝爾獎的事。我只是個留學生而已，能在這麼好的環境中研究已經很感謝了。

柴三郎的喃喃自語

日本非常注重階級關係，讓弱勢的研究者很難生存！美國的研究環境好多了！

菌」一說後，提出了質疑。

「緒方先生的說法毫無根據！」

雖然緒方是支持柴三郎到德國留學的恩人，但柴三郎沒辦法對他不能接受的學說睜一隻眼，閉一隻眼。

「腳氣病」是一種會產生腳部麻痺、心臟機能減弱等症狀的疾病，現在我們已知道其原因是源自維生素攝取不足，但當時大家還不知道其原因。

因為這件事，東京大學醫學院開始視柴三郎為敵，設立研究所的計畫也岌岌可危。最後，柴三郎在慶應義塾大學創辦人福澤諭吉的援助下，才好不容易設立了一座小型的傳染病研究所。

我們要跟著老師走！

1914年，柴三郎看到一份文件後

科學小知識

培養破傷風菌而發現的血清療法

柴三郎注意到破傷風菌特別耐高溫，因此他以加熱方式先殺死其他細菌後，成功純種培養出破傷風菌。

不僅如此，他還進一步研究，讓體內注入破傷風毒素的老鼠產生抗體（對抗細菌的物質），再將已有抗體的老鼠血清（血液的澄清部分）注射至其他老鼠體內，抑制破傷風發病。

「血清療法」是以血清治療疾病的方式，而這也是史上首次的新發現。

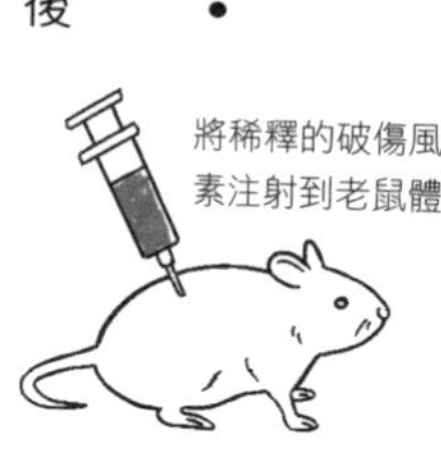

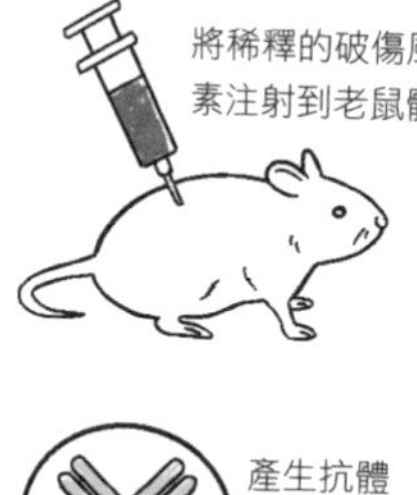

大發雷霆。文件內容指出，傳染病研究所即將列入東京大學管轄。柴三郎因此下定決心，說：「我絕對不會受他們控制！」便遞出了辭呈，而且連他的弟子也決定跟隨他離開。

柴三郎凡事認真的個性，不管對自己還是他人都相當嚴格，所以又有「暴怒老爹」的稱號。不過，對許多研究者來說，他確實是一位值得崇拜與尊敬的前輩！

不論好壞，北里柴三郎就是這樣的人

- 個性固執又認真。
- 因耿直的個性讓他與東京大學為敵。
- 是個受弟子們尊敬的研究者。

柴三郎弟子的告白

北里老師生氣時的確很可怕，但他絕對不會當場讓人難堪，他非常為我們著想，我想一生都追隨他。

生物學家・醫學家的祕密

他是誰？

醫師、細菌學家。最大的成就是找出梅毒的病原菌。
另外，他也利用疫苗終結了厄瓜多的鉤端螺旋體病。

野口英世

1876～1928年

花錢如流水卻被印在千元鈔票上的細菌學家

興趣 和朋友一起喝酒、大肆狂歡

個性 不怕生、輕浮

弱點 不擅長理財

專長 為了做實驗可以不眠不休

不斷欠債的我，為什麼會出現在這上面？

野口英世的恩師——血脇守之助

花錢如流水

英世出身務農的家庭，生活貧困，時常為了錢煩惱。但是，英世認為：「雖然我們家很難讓我順利求學念書，不過我相信，只要我夠努力，一定會有人願意資助我學費的。」

小時候意外燙傷手的英世，在治療手傷的過程中感受到醫學的重要性，因此決定以成為醫生為目標。他先是在醫院一邊打雜、一邊學習，只花了幾個月就學會英語。英世更效仿拿破崙，每天只睡3個小時，其餘的時間都用來研讀醫學。

不過，英世有個很不好的習慣。他只要一有錢，就會拿去喝酒玩樂。19歲那年，他為了考醫師執照而前往東京。當時，他國小的恩師和故鄉的友人們湊了40日圓（約為今日的40萬日圓）給他當餞別禮，但在短短兩個月，他就幾乎花光了那筆錢。

獲得恩師的援助

有位名叫血脇守之助的牙科醫師，可以說是英世一生的貴人。他很看重英世的才能和企圖心，不只幫英世介紹工作，還幫他找了住處，甚至，血脇守之助還會給英世生活費，沒想到，大部分的錢都被英世拿去玩樂了。

在那個時代，一個研究者是否能出人頭地，和他的家庭背景、學歷息息相關。英世出身貧困的農家、也沒上過大學，即使比別人更努力，也無法成為受人重視的研究者，深深感受到壓力的他，將錢花在玩樂上的壞習慣也變得越來越嚴重，甚至

英世的酒後胡言亂語

我告訴你們！借錢的時候啊，最重要的就是要強調你一定會成功、一定有能力還錢！

英世的藉口

一開始我想拒絕這門婚事，就說我打算去美國留學，沒想到對方竟然說願意資助我，所以我才會答應啊。

開始向人借錢。

不過，他的恩師血脇並沒有因此而放棄他，仍然持續支援他。血脇甚至還把每個月的生活費分成三次給英世，以免他又在短時間內把錢給花光。

連太太的嫁妝都揮霍殆盡

後來，英世在研究上成長快速，也鎖定機會要前往美國留學。這時，正巧有人前來說媒。雖然英世沒有特別喜歡對方，但是當他看到高達３００日圓（相當於今日３００萬日圓）的嫁妝時，他動搖了，而且暗自打算把這筆錢作為留學的經費。簡直就像結婚詐欺一般。而且，英世拿到這筆嫁妝後又大膽了起來，再次把錢都揮霍在和朋友玩樂、聚餐中。

這時候，再次把錢花光的英世，只剩下他的恩師血脇可以依靠了。英世低聲下氣拜託血脇，血脇雖然相當生氣，但仍然沒有棄英世於不顧。血脇最後竟向高利貸借了一大筆錢，買到了可以讓英世前往美國的船票。

這時候的血脇，其實對英世已經十分心灰意冷，因此，直到英世出發當天，血脇才在甲板上將前往美國的船票和剩餘的錢交給英世。

如果英世沒有血脇這位貴人，他的人生會是如何呢？不斷將身上的錢用來玩樂的英世，幸虧還有血脇對他的才能寄予厚望，且不離不棄。

去世前仍掛心研究

英世認為自己不能辜負血脇和故鄉的人的期待，他到了美國後，連睡覺的時間都用來做實驗，甚至被身邊的美國人稱為「實驗機器」。

英世最早的研究主題是製作「蛇毒血清」。他扳開活生生的毒蛇嘴巴，取出可製作血清（↓第44頁）的毒素。英世敢於做大家不敢做的，更藉著「蛇毒血清」獲得了成果，也受到世界的認同。

接著，英世又發現造成腦部、脊髓麻痺的梅毒病原體，也就是「梅毒螺旋體」。此外，他也提出報告，說明自己發現小兒麻痺及狂犬病（↓第37頁）的病原體，但卻遭到了否定，之所以被否定，其實是因為小兒麻痺跟狂犬病的病原體，都是比細菌還小的病毒，和引起梅毒的病原體類型（細菌）並不相同。

英世最後研究的黃熱病，是以蚊子為媒介、病毒為病原體的傳染病。英世深

英世的恩師・血脇的真心話

嫁妝的事情簡直嚇死我了。我因為相信英世那傢伙的才能，差點賠掉我全部的財產！

英世的喃喃自語

好奇怪……我怎麼想都想不通啊！我打了自己開發的疫苗，為什麼還會染上黃熱病呢？

信黃熱病的病原體為細菌，然而其實也是當時還不為人所知的病毒。為了對抗病原體，英世製作了血清。但實際上卻是針對鉤端螺旋體病的病原體所製作的血清，有趣的是，當時靠著英世所研發的血清，也陰錯陽差地拯救了許多感染鉤端螺旋體病的人，只是英世以為他所研發的是治療黃熱病的物質。

最後，英世也因感染黃熱病而死。他在死前留下了這句話：「我真的想不通。」隨即離開人世。等到可以觀察到病毒的電子顯微鏡問世，已經是英世過世20年後的事了。

當初他為了研究黃熱病、決定前往非洲時，不少人阻止他，他是這麼回應的：「我一點也不害怕。我是為了對這個世界有所貢獻而生的，如果命中注定我將死在非洲，那我也會順從我的命運。」

科學小知識

病毒到底有多小？

你猜猜看，細菌有多小？病毒又有多小呢？其實，細菌的大小只有1公釐的1000分之1（1微米），而病毒的大小甚至只有細菌的100分之一（10奈米），所以我們必須透過顯微鏡才能觀察。尤其病毒得用電子顯微鏡才能觀察，然而，電子顯微鏡是在野口英世死後才被發明出來的東西，難怪他直到過世前都還是無法解開「黃熱病」之謎。

除了英世研究的黃熱病毒之外，我們熟知的還有流感病毒，以及2020年引發全球大流行的新型冠狀病毒。

就如同他自己所說的，英世將一輩子都奉獻給研究。順道一提，英世獲得成就後，也將錢還給了恩師血脇，以報答他的恩情。

雖然英世帶給周遭的人不少麻煩，但他始終保有對於醫學研究的熱情。到了今天，他不僅獲得世界認可，曾被提名諾貝爾生物學及醫學獎，更因為他在醫學上的貢獻，成為一千日圓鈔票上的人物。

不論好壞，野口英世就是這樣的人

- 非常不擅長管理金錢。
- 受到許多人協助，其中最重要的就是恩師血脇。
- 為了做實驗而廢寢忘食，一生都貢獻給醫學。

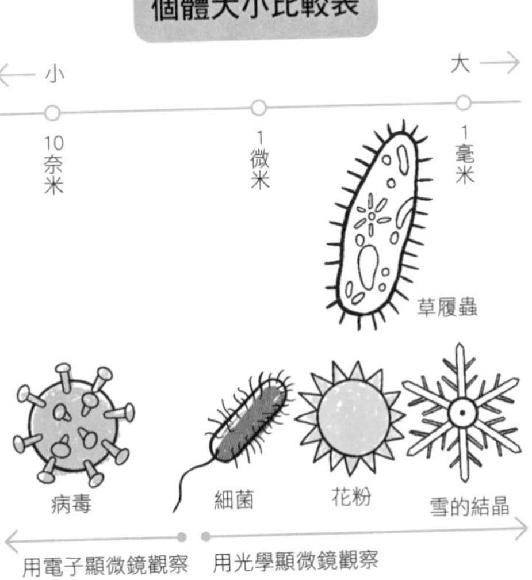

大驚奇

野口英世的感人金句

野口英世出身貧困家庭，在不斷努力後，提出了不少研究成果（↓第46頁）。他深知努力的重要性，也留下了許多名言。

花費比別人多3倍、4倍、甚至5倍的努力的，才是真正的天才。

天才指的並不是毫不費力就取得好成績的人。而是為了提升自己，能夠持續比別人還努力，那才算是真正的天才。

不論出身是否貧窮、身體是否有缺陷，都不能輕易放棄自己。人一生中的幸與不幸，都是自己選擇的。包括周圍的狀況、身邊的人對待自己的方式，可以說都是自己一手造就的。

覺得辛苦就放棄，或者把責任推到別人身上，那麼你的人生就不會有任何改變。試著靠自己的力量撐過去吧！這麼一來，狀況一定會好轉的。

人生最幸福的事，莫過於一家和睦。
和樂的親子、手足、師徒、朋友關係等，
沒有什麼是比圓滿的關係更值得追求的。

我之所以留下這些成果，
都要歸功於家人、朋友的支持。
在我心中，滿盈著對他們的感激之情，
從未忘卻。

我沒有什麼好害怕的。
因為，我是為了對這個
世界有所貢獻而誕生的。

不管是誰誕生在這個世界上，都有其必須扮演的角色。
我經歷了許多困難，而有了後來的成就。
我想，我比任何人都能理解上述這段話的意義。

忍耐相當痛苦，
但忍耐過後的結果
會是甜美的。

只要能跨越這些苦痛，
就有光明的未來在等著我們。

他是誰？
英國解剖學家兼外科醫師。曾解剖多具遺體，對近代醫學發展有極大貢獻。被譽為「實驗醫學之父」。

熱愛蒐集各種遺體的解剖學家
約翰・亨特

1728～1793年

個性 開朗、熱情、行動派

專長 解剖各種生物

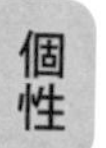

珍藏品 長達2公尺的巨人骨骼標本

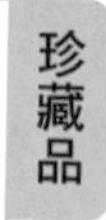

興趣是蒐集遺體

在倫敦的皇家外科醫師學會建築裡，有一座亨特博物館，裡頭展示了超過3500件約翰・亨特所收藏的標本，包括畸形的胎兒、因患病而腫大的內臟，甚至是巨人、罕見動物的骨骼等。

但這些還只是其中一小部分。約翰的家中，共有14000多件標本，都是他自行解剖、製作而成。

約翰的妻子愛好交際，客人們由家中正門進出，而約翰從世界各地買來的人類或其他動物的遺體，則從後門運入家中。約翰的家，就像是小說《化身博士》一樣，擁有雙重面孔。

化身遺體小偷

約翰・亨特在1728年出生於蘇格蘭，他是個討厭讀書寫字的孩子，13歲就輟學了。而他的哥哥威廉跟他正好相反，是個知識分子。威廉後來當上了醫生，而約翰不管做什麼工作都做不好。因此，約翰只好拜託哥哥威廉，讓他在威廉副業的解剖教室工作。

約翰的雙手非常靈巧，一下就比教他解剖的威廉做得還好，也學習到外科醫師的知識，逐漸能擔當重任。

當時，醫師多從事內科工作，而外科則被視為較低賤的工作。對於威廉來說，可以將比較不受眾人肯定的工作交由別人去做，實在相當幸運。不過，約翰才不在乎這些。他在解剖遺體的過程中，也對人

學校的課實在太無聊了，我的興趣是找出人體活著和死去時有什麼不同，這些事情學校才不會教呢。

盜墓者的爆料

當時的屍體非常高貴，甚至可以賣錢，還有人為了取得屍體而殺人呢。約翰每次都用很好的價錢跟我買屍體，是有名的好客人！

體越來越好奇，也越來越沉浸在其中。

後來，約翰開始教授解剖的技術課程，儘管教室位於蘇格蘭的鄉下，卻能比在倫敦的大學學到更深奧的學問，因此，不少歐洲各地的學生蜂擁至此，讓哥哥威廉賺了不少錢。

不過，有個麻煩的問題出現了，如何蒐集到解剖課程所需的屍體呢？在現代，有些人可能願意提供大體作為醫學研

科學小知識

理髮廳的三色旋轉燈

你注意過理髮店門口的三色條紋旋轉燈嗎？它的來源其實和中世紀盛行的治療法有關。

中世紀歐洲的外科治療，大多是「放血」療法。而且並不是由醫師，而是由理髮師來執行。患者在治療過程中，因為鮮血會殘留在白色繃帶上，理髮師便會將染血的白色繃帶綁在長棍上，掛到店外招攬生意，表示自己有提供這項服務。後來竟然成為全世界共通的理髮店標誌。其中的藍色，有一說是代表人體靜脈的顏色，但至今尚未有標準答案。

究用，但是當時沒有人會這麼做。而這些被認為較不入流的工作，全都由約翰負責處理。只要有罪犯即將執行死刑，他就會在現場等著；聽到哪邊傳言有人過世，他也不避諱親自挖開墳墓來取得遺體。就這樣，約翰每晚都忙著搬運遺體。

不斷解剖後的新發現

當天氣變熱，遺體就容易發臭，因此，適合解剖的時間就落在秋、冬兩個季節。約翰12年來，已經解剖了大約2000具遺體，天氣寒冷時，幾乎每天解剖一具。拜此所賜，約翰也有了許多新奇發現。

例如，當時大家普遍認為，嬰兒還在母親體內時，血管是和母體互相連接的。但約翰發現，嬰兒與母親的血管是被胎盤所隔開的；脂肪並不是經由靜脈，而是經淋巴所吸收。

約翰也發現，蜥蜴的尾巴每次都會斷在同一個地方，而且斷裂後還會再次生長。還有，若將雞距（雞爪後側的突起）移植到雞冠上，則會和雞冠連在一起。約翰藉由解剖各種生物的遺體，獲得了許多新知識與新發現。

看來，約翰這傢伙好像是個危險人物啊！不過，由於他所教授的解剖相關知識可不是哪裡都學得到的，所以他的課意外地非常受歡迎，加上他很有教學熱忱，因此也深受學生們的信賴。此外，正是因為他解剖的經驗豐富，可以說比任何人都了解人體的構造，因此他認為不該輕易地對病人動刀，只在必要時候才執行手術。例如他就主張，遭受槍傷的人並不需要開刀，是可以靠人體自然痊癒的。

巨人的喃喃自語

想到自己死後會被怎麼剖開，就讓我好害怕，與其把我的屍體交給約翰，不如把我裝進鉛做的棺材、沉入英吉利海峽！

珍貴的巨人遺體

熱衷於解剖學的約翰，為了拿到想要的遺體，甚至會不擇手段。當時，他得知有一位身高高達249公分的「巨人」，約翰開始處心積慮的想得到這位巨人的遺體，然而，明明對方還活著，約翰就決定先去拜訪他，還開宗明義的跟對方說，因為巨人的遺體實在太珍貴了，所以等對方一過世，他就會立刻用錢買下其遺體。那位「巨人」因為知道有人在等著自己死去，每天坐立不安、非常難受，也對向自己提出死亡交易的約翰非常反感，他在死前甚至交代朋友，絕對不可以將自己的屍體交給約翰，之後便撒手人寰。

即使如此，約翰仍非常渴望獲得巨人的遺體。他付了許多錢給殯葬業者，讓對方用石頭掉包，進而取得屍體。

由於巨人的身分太過醒目，約翰整整瞞了世人4年，不敢讓人發現他得到了巨人的標本。不過，他因為太喜愛這巨人骨

骷標本，甚至還和它一起在自己的肖像畫中曝光。

怪醫也有顆溫暖的心

18世紀的外科手術，頂多只懂得將病人放血治療，約翰卻將外科化為科學技術，也因此被稱為「實驗醫學之父」、「近代外科學的鼻祖」。

當時，許多貴族、有錢人都蜂擁前來，希望約翰能為他們動手術。約翰總會喃喃自語：「有錢人時間很多，就讓他們等吧。」

約翰會向富裕的人收取治療費用，但窮人無論付不付錢，他都會為他們治療，簡直就像手塚治虫漫畫《怪醫黑傑克》的主角。尤其遇到的是罕見病例，或是可做為實驗的患者，他更是免費為其治療。

不管好壞，約翰．亨特就是這樣的人

- 雙手靈巧，是解剖的天才。
- 為了獲得更多解剖經驗和知識，不斷蒐集遺體。
- 不向窮人收取治療費用，有劫富濟貧的俠義。

他是誰？
匈牙利醫師，消毒法的先驅。他發現女性罹患「產褥熱」的原因，是來自於醫師手上的感染性物質。

生物學家・醫學家的祕密

一輩子都在推廣洗手殺菌的消毒法先驅
塞麥爾維斯

1818～1865年

個性
無法和人好好相處

最害怕
撰寫、發表論文

晚年
罹患精神疾病、失智症

發明
醫師動手術前需用漂白劑洗手

「回到家記得洗手。」

這在今日是理所當然的行為，但在距離現在超過一百年的19世紀，卻是一件不合常理的事。當時，大家並不知道細菌的存在，就連醫師也沒有洗手清潔的意識。

當時的女性在生產後，有很高的機率因細菌感染而發高燒，最後導致死亡，也就是我們現在知道的「產褥熱」。但是當時沒有人知道原因，孕婦都非常害怕。而匈牙利醫師伊格納茲・塞麥爾維斯，便是發現這個疾病預防方式的人。

他窮極一生，都在向醫師推廣「洗手」這個在今天看來非常普遍的習慣。不過，這個行動卻讓他遭遇到很大的挫折。

醫師的手是致病原因？

某天，塞麥爾維斯注意到，醫院的兩間產房中，由醫師負責管理的第一產房，產後死亡的病人很多；而由助產士負責的第二產房，產後死亡的人較少。塞麥爾維斯猜想，沾附在醫師手上的物質（↓第63頁），會不會就是引發產褥熱的元兇？

於是，他擋住手術室的門口，表示：「如果不洗手就不能進入手術室！」並指示醫師們用消毒用的漂白劑洗手。結果，罹患產褥熱的患者人數明顯急速減少。

被周遭的醫師譴責

塞麥爾維斯的說法獲得部分醫師的肯定，但也有不少人對這個默默無名的醫師

塞麥爾維斯的喃喃自語

當我發現原來醫師就是殺死患者的元凶時，真的很難受。我的內心非常痛苦。

反對塞麥爾維斯的醫師們的怒火

所有疾病都是因為細胞的異常引起的，醫師的手才是致病原因這種話，只是塞麥爾維斯在胡說八道。

有此發現而感到不悅。

「醫師可是高貴又乾淨的人！你太失禮了！」另一群自恃甚高的醫師，完全不接受「醫師的手是致病來源」的說法。

這時候，受到反駁的塞麥爾維斯，雖然也想和反對派的人論戰，但他的個性本來就不擅長和人爭辯，也不習慣受到矚目。因此，他沒有口頭反駁對方，也沒有透過論文等其他方式，來為自己的說法辯駁。

精神崩潰

後來，塞麥爾維斯不斷用情緒性字眼的信件指責反對派，最後他被周遭所孤立，還被任職的大學醫院開除，喪失了醫師和大學教授的身分。

塞麥爾維斯甚至罹患了憂鬱症，沒多

久更罹患失智症。他住進了精神科病房，在1865年，僅47歲就與世長辭。他窮極一生推廣洗手的重要性，卻毫無成果。

在他死後的1870年代，醫師間才開始養成洗手的習慣，並確立消毒方式，進而發現病原菌的存在。

時至今日，洗手仍是防止病毒、細菌等感染時，最有效的方法之一。

不論好壞，塞麥爾維斯就是這樣的人

- 不擅長在眾人面前主張自己的意見。
- 一生都在推廣洗手消毒。
- 受到許多醫師批評，導致精神崩潰。

科學小知識

什麼是感染性物質？

在塞麥爾維斯的時代，眾人並不知道細菌的存在。因此，人們會將感染性物質稱為「會腐壞動物的有機物」。塞麥爾維斯認為，醫師在手術或解剖後，手上會沾染這些物質，必須用漂白劑確實洗手。

天才科學家之「NG」排行榜

這些偉大科學家，對世界有了不起的貢獻，但也有不為人知的一面。就讓我們來看看這個NG排行榜吧！

最神經質 TOP3

第1名 **牛頓**（↓第76頁）

渴求地位及名譽，會不擇手段徹底摧毀對手。

第2名 **達爾文**（↓第8頁）

心思細膩，與多人見面談話後就會臥床不起。

第3名 **巴斯德**（↓第36頁）

會把麵包撕得超級碎才吃，非常害怕吃到不乾淨的東西而染病。

最不怕沒錢 TOP3

第1名 **野口英世**（↓第46頁）

身邊一有錢就會立刻花光光的男子。

第2名 **達爾文**（↓第8頁）

爸爸是醫生，家中非常富裕，所以從來不用擔心金錢問題。

第3名 **牧野富太郎**（↓第22頁）

老家是規模極大的酒商，因此可以進行賺不了錢的植物研究。

最不了解女性 TOP3

第1名 **諾貝爾**（↓第130頁）

被壞女人欺騙了20年，花了大把錢在對方身上。

第2名 **野口英世**（↓第46頁）

將訂婚對象給的錢全部花在與朋友的飲酒作樂上。

第3名 **克卜勒**（↓第120頁）

將11位可能再婚的對象列成清單，耗費2年時間仔細比較。

物理學家

他是誰？
希臘的哲學家、科學家，是柏拉圖的弟子。
被譽為建立學問分類基礎的「萬學之祖」。

從來沒做過實驗的古希臘科學家
亞里斯多德

西元前384～前322年

興趣 觀察自然

最不擅長 做實驗

性格 自尊心超高

犯下不少錯誤的天才

亞里斯多德是歷史上無人不知、無人不曉的偉大科學家。不過，其實他犯下不少錯誤，例如以下幾個他提出的理論：

- 宇宙是以地球為中心轉動的（天動說）。
- 較重的物體掉落速度較快。
- 生物會自然生長（微生物從哪裡來↓第40頁）。
- 所有物體都由水、火、土、空氣四種物質構成。

亞里斯多德提出的錯誤理論不勝枚舉，難道是他的頭腦很差嗎？不，他其實是個天才。他厲害的地方在於他橫跨文科、理科，建構了學問的分類基礎，包括倫理學、政治學、自然學、戲劇學等學科。亞里斯多德也留下了眾多著作，日後則被統整成《亞里斯多德全集》，至今仍有許多人閱讀。

最討厭說「不知道」

那麼，亞里斯多德為什麼如前面所說的，提出那麼多錯誤理論呢？那是因為他並沒有透過實驗確認各種自然現象的原因，只是靠著想像、思考所導致的。

當時，希臘的哲學家大多只思考理論，並不會證明該理論的正確性。因此，即使是開啟科學之路的亞里斯多德，也未曾想過要透過實驗證明自己提出的學說。

亞里斯多德最具代表性的錯誤「天動

亞里斯多德的喃喃自語

我可是早在牛頓（→第 76 頁）發現萬有引力之前，就注意到「為什麼物體會掉落？」這個基本問題的人。

伽利略的證詞

對於基督教教徒來說，亞里斯多德的理論就像是聖經般的存在，要否定還必須賭上性命。

說」，則是在16世紀時遭到波蘭天文學家哥白尼，以及義大利天文學家伽利略（↓第114頁）所否定。伽利略不只提出理論，更使用天文望遠鏡觀察行星，進而確立其理論。

亞里斯多德有這麼多錯誤，或許和他的個性也有關係。亞里斯多德的自尊心很強，最討厭說出「我不知道」。無論遇到什麼問題，他都會假裝自己很清楚，有時候還會靠想像就回答別人的提問。

亞里斯多德的科學貢獻

亞里斯多德留下了許多研究成果，他將生物分為動物與植物，並觀察、解剖了許多生物。他更將地球上所有生物按照複雜性依序分類。舉例來說，雖然海豚和鯨

科學小知識

地球是圓的？

古代人認為地面是平的，最早提出地球是圓的這個說法的人，是西元前6世紀的希臘數學家畢達哥拉斯（↓第162頁）。而亞里斯多德認為地球是圓的，其證據在於「月蝕（地球的影子蓋住月球，導致月亮出現缺角）的時候，月亮上方的圓形陰影便是地球的影子」。

魚身上有鰭，但是小海豚、小鯨魚都是透過胎盤發育，再從母體生出，所以亞里斯多德沒有把海豚和鯨魚列入魚類，而是歸類到「動物」類。

這種對於生物分類的想法在當時相當創新，往後長達兩千年的時間，都沒有人可以超越他。

亞里斯多德的自然階段理論

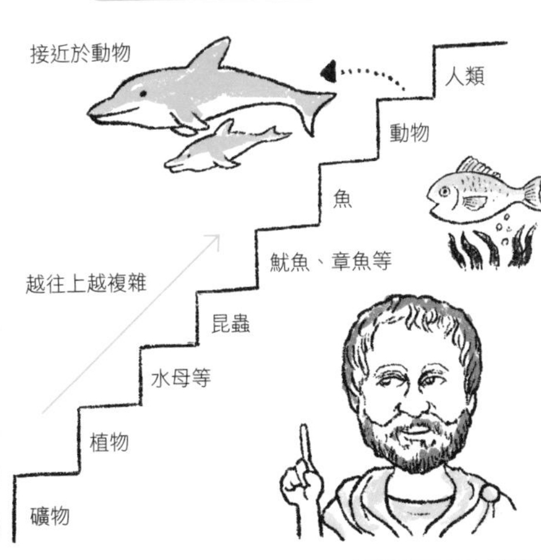

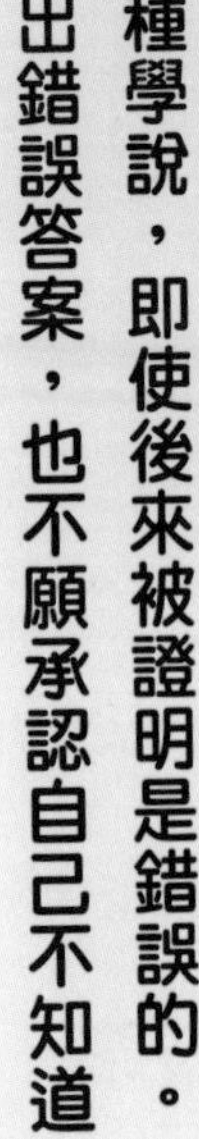

不論好壞，亞里斯多德就是這樣的人

- 建構了學問分類的基礎。
- 提倡各種學說，即使後來被證明是錯誤的。
- 寧願說出錯誤答案，也不願承認自己不知道。

驚！科學史中的驚人誤解

在科學的歷史中，曾經出現不少令人難以置信的主張呢！

太扯了！

霍亂是毒藥引起的！

江戶時代末期，霍亂（因霍亂弧菌所引發的傳染病）大流行，當時相傳霍亂是因為「外國人下的毒」所引起，造成一大騷動。14世紀歐洲鼠疫（鼠疫桿菌造成的傳染病）流行時，也曾出現過是因為猶太人下毒引發疾病的傳聞。

火星人長得像章魚！

19世紀末期，英國作家威爾斯的小說《世界大戰》中，曾描寫過外形像章魚的火星人。受到這本書的影響，不只是一般民眾及小說家，就連天文學家間也開始相信有火星人的存在。今日大家則普遍相信火星上並沒有外星人存在。

誰都有可能犯錯嘛。

真假!?

放血就能治病！

過去，人們認為是血中混雜了壞東西才會導致患病。因此，只要放血就能治好疾病，而大家也理所當然地這樣治療疾病（↓第56頁）。當然，即使放了血，病也不會因此而治好。

琥珀是某種活的生物！

古希臘時代，曾有人看到摩擦後的琥珀（樹脂的化石）可吸起羽毛，就認為「琥珀內具有某種生命力，所以可以將羽毛吸起」。現在我們已經知道，能吸起羽毛是因為靜電所導致的。

異想天開……

植物是吃土長大的！

古希臘哲學家亞里斯多德（↓第66頁）認為，植物是吃土長大的。今日，大家都知道植物是靠著進行光合作用，產生葡萄糖等物質才會成長。

物理學家的
祕密

他是誰？
希臘的數學家、物理學家。
發現可說明浮力大小的「阿基米德浮體原理」。

因為發現浮力原理而興奮到在街上裸奔
阿基米德

西元前288～前212年

個性
一旦投入就會忘我

壞習慣
常因為太熱衷於研究而忘記其他事情

ευρηκα！
（我發現了！）

專長
透過實驗來驗證理論

解決了國王給的難題

古希臘數學家阿基米德最偉大的功績之一，就是發現浮力相關法則（↓第74頁）。

阿基米德在國王身邊從事科學研究。某天，國王把他叫了過去，拿出了皇冠對他說：「我雖然命人用純金製作這個皇冠，但是我聽說工匠把一部分的黃金佔為己有，然後偷偷把銀混入皇冠中。我想請你幫我調查看看，這個皇冠是不是真的用純金做成的？」

阿基米德雖然答應了國王的要求，但也沒辦法很快想出方法來，他就這樣思考了好幾天。

就在某一天，阿基米德一如往常地一面思考皇冠的事情、一面泡澡。當阿基米德將身體泡入裝滿水的浴池中時，水就溢出了浴缸。看到這個情景，阿基米德腦中突然靈光一閃，想到可以確認皇冠是否為純金的方法。

據說，當時阿基米德因為太開心，完全忘記自己身上沒有穿衣服，就不斷叫著：「我發現了！我發現了！」並衝到了街上。

如果發生在現代，他應該會立刻被警察抓走。不過，當時參加運動賽事的人也時常赤裸著身體，裸體在當時並不會被視為奇怪的事，而且看起來，阿基米德大概是因為過度沉浸在自己的思考中，以致於完全忽略了周遭的事物。

阿基米德的喃喃自語

就連奧運的時候，大家也是裸體參加的啊！人裸體的時候是最美的，加上希臘的氣候溫暖，就算一整年跑步都不穿衣服也沒問題！

「不要踩我的圖！」

除此之外，阿基米德也發明一種「螺旋抽水機」，利用螺旋泵（類似螺旋槳的裝置）來汲水；更發現了槓桿原理（利用槓桿，將重物輕鬆舉起的原理）。

當時希臘的科學家，多半只是透過思考就提出想法，大家並不重視實證。而阿基米德相當重視實證，是當時科學家中的少數。

就連人生的最後時刻，阿基米德的表現也非常符合他熱衷研究、不顧周遭的個性。當時，阿基米德居住的地區發生戰爭，許多人都爭相逃難，但阿基米德卻絲毫不在意，仍持續在家中研究。

敵兵闖入了阿基米德的家，踩壞了阿基米德畫在地面上的圖形。

科學小知識

阿基米德的浮體原理

首先，準備一塊與皇冠一樣重的金塊，再將皇冠和金塊各自放入裝滿水的容器後，測量溢出的水量。因為銀比金還輕，如果皇冠內混入銀，當皇冠和金塊各自放入水中後，皇冠就會因體積較大，溢出的水量就會比金塊多。阿基米德實際測試後，發現放入皇冠後確實溢出比金塊多的水，證明皇冠確實混入了銀。

「將物體放入水中後，物體承受的浮力會等於排出的水的重量」這個由阿基米德發現的原理，被後人稱為「阿基米德浮體原理」。

這時，阿基米德完全不打算逃離，反而怒吼：「不要踩我的圖！」因此激怒了士兵，士兵便將阿基米德殺死。

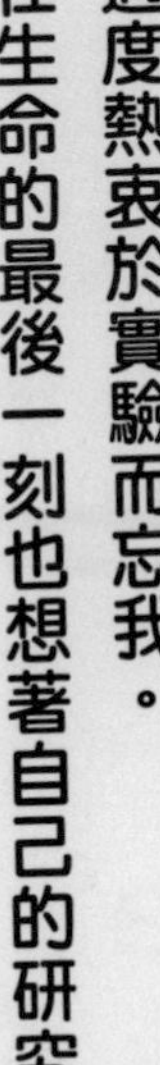

不論好壞，阿基米德就是這樣的人

- 不只提出理論，更做過許多實驗。
- 過度熱衷於實驗而忘我。
- 在生命的最後一刻也想著自己的研究。

阿基米德的實驗

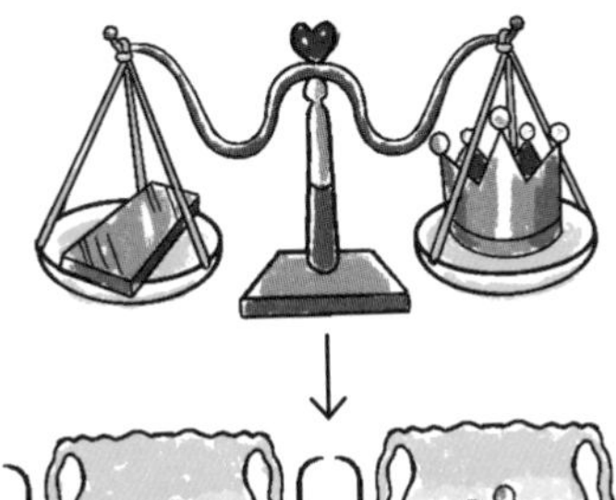

準備與皇冠等重的金塊。

各自放入水中，測量兩者排出的水量。

阿基米德的喃喃自語

在被殺的那瞬間，我想的是：「就算我的身體被殺害，我還擁有我的靈魂！」

物理學家的祕密

他是誰？

英國天文學家、物理學家。發現了「萬有引力」、「微積分定理」，並出版了知名著作《自然哲學的數學原理》。

發現萬有引力，自己也引來一堆敵人

牛頓

1642～1727年

個性 陰沉、善妒

朋友 無，喜歡自己一個人

專長 手工製作望遠鏡

對手 虎克

那傢伙真討人厭！

大科學家的陰暗面

牛頓除了「萬有引力」以外，還有許多發現及發明，是建構起近代科學基礎的大科學家。不過，以為人處事來說，他也有著不為人知的另一面。

牛頓的個性急躁又自戀，他對自己非常有自信。他渴求地位及名譽，而且還非常固執。對於那些競爭對手，他甚至會不擇手段攻擊對方。當然，這樣的他，身邊自然沒有任何朋友。

牛頓也因此被大家厭惡，他的後半生可以說是將科學研究擱在一旁，全心全意投入在權力的追逐、研究成果的競爭中。

疫情後的大發現

牛頓生於英國鄉村的一個農家，他從小就喜歡獨處，常常製作模型、安靜地讀書。也因為這樣文靜的個性，讓他被愛欺負人的小孩盯上。

牛頓18歲那年，在身邊的人推薦下，進入了知名的劍橋大學就讀。但因為他身無分文，只好透過幫其他同學打掃房間、搬東西等，做些打雜工作來賺錢，牛頓每天做著有如傭人般的事情，個性也逐漸變得扭曲。

就在此時，讓牛頓成為大科學家的契機意外到來。當時，英國國內正流行著鼠疫這個可怕的傳染病，牛頓也只能回到他的故鄉避難。

牛頓的喃喃自語

因為沒錢，所以我很認真記帳呢！如果沒有記清楚帳的話，我連覺都會睡不好。

牛頓的喃喃自語

很多大學生整天只顧著玩樂，真受不了他們！還好能離開他們、回到安靜的鄉下，感覺腦袋的思緒清晰多了。

對牛頓來說，待在寂靜鄉間的這兩年，是可以讓他專心研究、整理思緒的珍貴時光。

這段時間，他有了三大發現，包括「萬有引力法則」、數學上的「微積分基本定理」，以及說明太陽光是由多種不同顏色所構成的「光的粒子說」。

讓我想想……

科學小知識

牛頓發現的萬有引力

所謂「引力」，是指有質量的物體間互相吸引的力量。牛頓發現，所有具有質量的物體，都有其引力存在。

牛頓看到蘋果從樹上掉下來，因而發現萬有引力，這個故事相當有名，但沒有人能證實這是真的。也有人說，這只是為了能清楚說明萬有引力而編造的故事。

不過，那棵蘋果樹至今仍在牛頓的老家。此外，這棵傳奇蘋果樹有個分支，就在東京的小石川植物園裡。

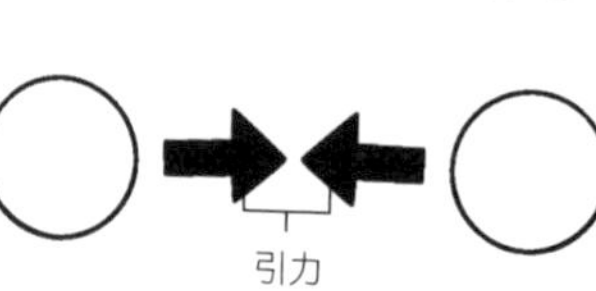
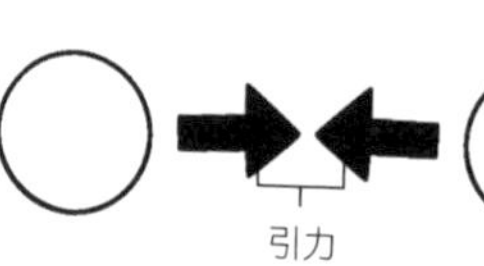

出人頭地的牛頓

雖然樹敵無數，但也有人支持牛頓。牛頓原本就很聰明，他在肯定其才能的指導教授幫助下，大學生活過得一帆風順。牛頓後來不只成為母校的教授，更進入了聚集許多知名學者的英國皇家學會。

擔任大學教授期間，匯集牛頓最新研究成果的大作《自然哲學的數學原理》也出版了。這本書獲得了很高的評價，牛頓也以天才之姿聞名於世。

不過，當初牛頓回到家鄉後的重大發現，因為沒有立即發表，之後衍生出究竟是誰先發現的大問題。其中一項爭論，就是數學上的「微積分定理」。也因為這些爭論，顯現出了牛頓無情、冷酷的一面。

頂尖者的競爭

微積分是將物體的移動、變化透過計算來呈現的方式，也是支撐近代物理學的重要數學理論。然而，牛頓和德國的偉大數學家萊布尼茲，分別發表了自己的「微積分理論」，雙方也開始爭論誰才是最早發現的人。

「就算是萊布尼茲先發表的，但我才是最早想到的人。」牛頓如此強烈主張。話雖如此，牛頓並沒有與對方正面衝突，而是在背後運用了一些卑鄙手段。

例如，他以研究者朋友的名義，發表了一篇支持自己的論文；又在皇家學會中假借成立調查委員會，自己身為會長，卻擔任委員會的仲裁者，還邀集自己的朋友

萊布尼茲的主張

我的微積分理論明明就更好懂，也有很多人運用。牛頓的算法太困難了，沒人懂啦！

牛頓的喃喃自語

虎克根本沒有數學上的天分，卻敢批評我的論文。我甚至還寫信表達希望離開有虎克在的皇家學會。

擔任調查委員，就連調查報告都是牛頓自己寫的。

牛頓想方設法，就是不願意讓萊布尼茲居於上風，結果當然是牛頓獲得勝利。最後，萊布尼茲還被指控犯了竊盜罪。

滅絕虎克行動

其實，在與萊布尼茲的騷動發生前，牛頓與皇家學會的前輩羅伯特・虎克之間，也發生了激烈的對抗。

虎克年紀比牛頓大，也是個相當優秀的科學家，但個性卻比牛頓更善妒。才華洋溢的牛頓剛進皇家學會時，就被虎克刻意刁難。虎克還說「萬有引力法則」是自己先想到的。

當然，牛頓對虎克積怨已久，恰好，虎克離世那一年，牛頓當上了皇家學會會

長，他心想：「我等這一刻很久了！」便利用自己的權勢，立刻展開復仇。牛頓下令要求移除虎克留在學會內的所有物品。虎克的肖像畫被丟棄，所有論文和書信也被燒毀，甚至任何名冊都不能出現虎克的名字，牛頓的「滅絕虎克」手段相當徹底。也因牛頓的作為，至今人們仍未看過清晰版的虎克肖像。牛頓簡直就像獨裁者一般，十足公器私用。

除了虎克以外，只要與牛頓對立的人，就會受到牛頓利用權勢欺壓。於是，他周遭的人開始噤若寒蟬，再也沒有人敢對牛頓有意見。

在牛頓的恐怖管理之下，英國的數學發展，足足落後其他國家近百年之久。

不論好壞，牛頓就是這樣的人

- 回鄉的兩年間，發現「萬有引力」等重要理論。
- 容易嫉妒他人，會不擇手段攻擊對手。
- 樹敵無數，視虎克為最大的敵人。

虎克的爆料

怎麼只寫了我被欺負的部分呢？好歹我也是第一個用顯微鏡觀察細胞的科學家，課本上都有提到啊！

物理學家的祕密

他是誰？

英國的理論物理學家。將法拉第的電學與磁學實驗以算式呈現，並與法拉第共同確立了「電磁學」。

被同學稱為怪人的電磁學天才少年 馬克士威

1831～1879年

綽號 怪人

個性 不服輸

專長 用算式表現各種事物

土星環是由粒子所構成的。

傷痕累累的小時候

馬克士威的家裡非常富裕，他和注重教育的父親一同生活在鄉間。馬克士威家附近沒有學校，父親因此幫兒子請了家教老師，沒想到，這位家教老師竟然會毆打孩子，動不動就對馬克士威動手，讓他幼小的心靈有了不少創傷。

10歲後，馬克士威前往都市就讀中學，卻又成為眾人欺負的目標。他身穿領口具有蕾絲等裝飾的衣服，看起來俗氣過時，加上他說話的口音很重，大家覺得他全身上下都很古怪，就「怪人！怪人！」地叫他。而這個時期，他的數學天分尚未綻放，只是個相當普通的少年，沒有人知道，日後他竟然會成為與牛頓（↓第76頁）齊名的科學家。

漸漸綻放數學天分

馬克士威看似是位普通的少年，但他的好奇心卻比其他人都強烈，他的才能也逐漸展露出來。

14歲時，馬克士威就寫出「卵形曲線」相關的論文。這篇論文中說明了繪製卵形圖的方式，也上呈到皇家學會，讓學會內的大人都大吃一驚。

馬克士威的數學成績也急速上升，讓其他同學目瞪口呆。他在劍橋大學的數學畢業測驗「Tripos」中拿下第二名之後，又在「史密斯獎」拿下第一名的寶座。

從此，馬克士威就不再被欺負了，還以25歲的年輕之姿，當上了亞伯丁大學的教授，他也開始研究電磁學，電磁學也成為他日後最具代表性的研究領域之一。

馬克士威的喃喃自語

家教老師拿尺打我的頭，還會拉我的耳朵，但我只能默默忍耐。

數學天才的弱點是教書

馬克士威的研究橫跨光、色彩、熱等各種領域，其中又以「馬克士威方程組」最為知名。這組方程式將法拉第（↓第206頁）的電磁學實驗以算式表現出來，更成為愛因斯坦（↓第90頁）相對論的源頭。

馬克士威用他最擅長的算式，開創了「電磁學」這個學術新領域。很喜歡讀書的他，寫出來的文章也相當優美，但是，他似乎不太擅長教學，學生對他評價不高，他的課常被說「很難懂」。那是因為馬克士威沒辦法用簡單易懂的方式來解釋他的理論，讓聽課的學生都摸不著頭緒。不知道是不是受到這一點影響，馬克士威很快就辭掉了大學教授這份工作。

科學小知識

土星環的研究

土星環是由什麼東西所組成的呢？在還沒有高性能望遠鏡的時代，馬克士威就透過計算發表了「土星環是由許多小粒子所組成」的理論。

在馬克士威發表後一百年，美國的太空探測器拍下了土星環的照片，發現土星環主要由許多冰的顆粒所組成，這也證明了馬克士威的說法正確。

馬克士威最後的大作，是將卡文迪許（↓第198頁）尚未發表的電學實驗寫成論文後出版。他花了五年，終於完成這項工作，可惜他在完成的數年後，就因為癌症而離世，結束他48年短暫而燦爛的人生。

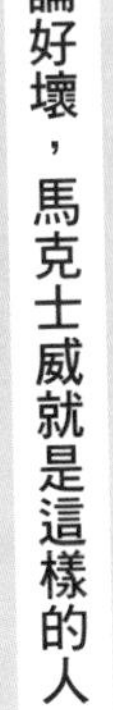

- 從小就常被欺負。
- 任何事物都可以用算式表現的天才。
- 上課內容很難懂，不受學生好評。

法拉第的證詞

馬克士威將我的電學、磁學實驗，用他最擅長的「數學語言」表現出來。雖然完全不會數學的我無法理解，但他真是個天才。

他是誰？
奧地利的理論物理學家，研究「氣體分子運動論」，以分子運動說明氣體的熱現象，並發現了「熱力學第二定律」。

物理學家的祕密

被戲稱是外星人的熱力學大師
波茲曼

1844～1906年

缺點 一被反駁就會生氣

專長 彈鋼琴

個性 單純

對手 馬赫。他不相信原子、分子等肉眼見不到的事物

劃時代的研究卻不被世人理解

茶壺內的水燒開了以後，靜置一段時間，茶壺內的熱氣就會逸散到空氣中，熱水便逐漸冷卻。那如果將釋放到空氣中的熱收集起來，可以讓茶壺內的水再次燒開嗎？答案是沒辦法。

像這樣，熱會從高溫處移動至低溫處，但是無法逆反，這就是「熱力學第二定律（熵增加原理）」。

理論物理學家波茲曼認為，上述的熱力學定律與原子、分子（↓第204頁）等微小粒子的運動有關，更用過去物理學未曾使用過的機率、統計方法證明了其論點。

不過，當時是尚未出現「原子、分子」等說法的年代。因此也有不少科學家反對波茲曼的說法，只要波茲曼一說出「原子」，就會被人當面否定：「你有看過原子嗎？你沒有看過要怎麼證明？」對於持反對意見的人來說，波茲曼所提出的論點離奇到令人不可置信。

被反駁就會生氣

另一方面，奧斯特瓦爾德、馬赫等反對波茲曼說法的物理學家，都這麼稱呼波茲曼：「真是個外星人。」

波茲曼是個情緒起伏很大的人，而且雖然是個成年人，個性卻像孩子一般。因此，只要有人對自己的研究持反對意見，他就會生氣。有時甚至會變本加厲，演變成嚴重離題、只為了說對方壞話的情況。

馬赫的證詞

肉眼看不到的原子、分子，有什麼好爭論的呢？又沒有辦法確認，只是在浪費時間罷了！

這樣看來，波茲曼大概不太受歡迎吧？並非如此，他在研究中獲得了耀眼的成果，更受到許多大學邀約前往任教，他很擅長教學，教授的課程也相當有趣、深受學生歡迎。

不過，只要學校裡有反對自己意見的人存在，波茲曼就會不顧旁人勸阻，執意辭職。

科學小知識

「熵」是什麼？

熵（entropy）帶有「雜亂程度」的意思。例如咖啡牛奶是將咖啡和牛奶混合而成，但已經混合後的咖啡牛奶，沒有辦法再變回原本的咖啡和牛奶。這個現象，可想成是因為「雜亂程度」（熵）增加的關係。而「熱」也是相同道理。熱能會從高溫處移動到低溫處，兩者混合，最後變成均質（同樣溫度）。

若將這個理論持續延伸，宇宙最後會因熵的持續增加，使得所有物質溫度達到熱平衡，再演變為所有活動停止的「熱寂」狀態。

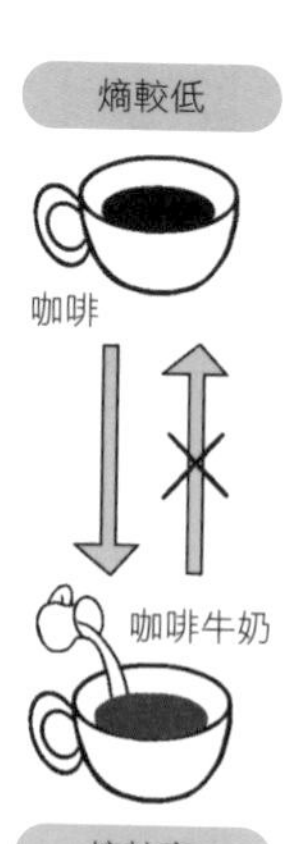

罹患心理疾病

波茲曼長時間都在和反對自己意見的人對抗，後來不幸罹患了心理疾病，最終以自殺結束生命。

波茲曼的魅力，是他單純、如孩童般純樸的個性。不過，這樣不容易社會化的個性，也造成他提早迎來死亡的結局。

然而，在波茲曼死後沒多久，愛因斯坦（↓第90頁）就證明了原子和分子的存在。如果他能再多活上一些時間，也許未來會有救贖他的事情發生。

順帶一提，在波茲曼的墓碑上，刻有他所發現的熵關係式。

不論好壞，波茲曼就是這樣的人

- 帶著孩童的天真、直率個性長大成人。
- 因為研究過於創新，眾人難以理解。
- 最後罹患心病，自殺身亡。

波茲曼的藉口

正當我因為原子的爭論疲憊不堪時，我的妻子又跟我說「我想和你離婚」。唉，我已經無法振作了。

他是誰？
出生於德國，以「相對論」聞名於世的理論物理學家，
更因「光量子假說」獲得 1921 年的諾貝爾物理學獎。

物理學家的祕密

從成績吊車尾到提出偉大相對論 愛因斯坦

1879～1955年

專長 用算式呈現各種現象、研究各種假設問題。

興趣 沉思

個性 溫和、話少

大腦 比一般人還要大

啊，怎麼辦才好？

最害怕 讀寫、背誦、對鏡頭笑

請笑一個～

「恭喜您榮獲諾貝爾物理學獎！」

1922年，一艘前往日本的船上，有位科學家收到了一封電報。那位科學家的名字叫做亞伯特・愛因斯坦，而他收到的那封電報，則是通知他：「恭喜您成為諾貝爾獎的得獎者！」

愛因斯坦在1905年發表的《狹義相對論》（↓第94頁）等三篇論文中，他以《光量子假說》獲得了1921年度的諾貝爾物理學獎。

說到愛因斯坦，大家都知道他最著名的是「狹義相對論」，但因為內容過於艱深，原本被排除在諾貝爾獎候選名單之外。不過，其理論中說明「光在具有重力的地點會彎曲」的論點，則一改過去牛頓（↓第76頁）說的「不具質量的物質並不會彎曲」理論，讓愛因斯坦成為「發現牛頓錯誤的科學界英雄」，深受眾人激賞。再加上獲得了諾貝爾獎，愛因斯坦也就成為最具話題的人物，在日本各地都受到歡迎，他在獲獎後的一個月內更前往東京、大阪等地旅遊。

不過，這位找出世界運行規則的大科學家，孩提時代卻是吊車尾的學生。

反應慢、總是問怪問題

亞伯特・愛因斯坦出生於德國一處叫作烏爾姆的城鎮內、一個貧窮的猶太人家庭。他到3歲都還不會說話，讓雙親非常擔心。到了5歲時，愛因斯坦終於開口說話了，不過他有自己的說話習慣，他必須

愛因斯坦的喃喃自語

雖然我沒有印象了，但據說我小時候脾氣很差，只要事情不順我的意，我就會開始亂丟東西。

學校老師的爆料

愛因斯坦雖然是個算數天才，但他的國文真的很差，他很討厭背東西，同學都覺得他一點也不聰明。

先將想講的事在腦中組合好才會開口，所以會比一般的孩子花上更多時間，加上他常常在課堂上提出奇怪的問題，所以老師都不太喜歡他。

愛因斯坦很喜歡自己思考事情，他的綽號則是「Biedermeier（駑鈍、遲鈍的意思）」。當時他身邊的人大概料想不到，這樣的人日後竟然會獲得諾貝爾獎吧。

不過，小時候的他也確實對科學感興趣。年幼時，愛因斯坦的爸爸送他一個指南針，看到指南針旋轉後會恰好停止在南北方向的愛因斯坦，便認為「世界上有種肉眼看不見的不可思議力量存在」。除此之外，愛因斯坦也喜歡上數學課，尤其是幾何學（研究物品大小和形狀、相對位置等的學問）。

逃離家鄉，到異國生活

愛因斯坦在11歲時就看得懂大學的物理課本，16歲就開始撰寫論文。不過，愛因斯坦非常不適應當時德國的軍國主義環境。厭惡被權力逼迫的他，決定逃離德國。之後，愛因斯坦在瑞士就讀高中、大學，並且以成為物理老師為目標。

然而，愛因斯坦在大學期間常常翹課，並不是個乖學生。除了他擅長的數學以外，其他科目幾乎都以最差的成績勉強畢業。愛因斯坦畢業後，雖然很想成為教授的助手，但因為他的上課態度很差，沒有一間大學願意錄取他。最後他總算找到了工作，但卻不是在心儀的大學，而是在專利局。

熱愛思考

專利局的工作非常清閒。不過，有句話說「科學就是對日常的深入思考」，對愛因斯坦來說，在專利局的工作正好讓他有很多時間可以胡思亂想，簡直就是最適合他的工作。

不過，愛因斯坦不只是胡思亂想而已，例如他提出的「狹義相對論（↓第94頁）」就是源自「我如果用光速移動鏡子，鏡子還能夠照出我的臉嗎？」的假想。除此之外，他也發表了許多論文。1905年，可說是愛因斯坦「奇蹟的一年」，當年他的論文逐漸為人所知，更獲得了博士學位，最後他終於夢寐以求，當上了大學教授，並踏出身為科學家的第一步。

愛因斯坦的喃喃自語

不管是在辦公室的位子上、公園的長椅上，還是公寓的小房間，我在任何地方都可以思考。

波耳的證詞

對於我的理論，愛因斯坦先生用「神不會擲骰子」來反駁我，不過我回他「請不要自己定義神會做或不會做什麼！」

與科學家波耳的爭論

愛因斯坦只要遇到一個問題，就會持續思考到沒有任何疑惑的地方為止，接著就會著手撰寫論文。他在１９１６年發表的「廣義相對論」也是在徹底通盤思考下誕生的。

愛因斯坦也對波耳的「量子理論（↓第１０２頁）」持有疑問，量子理論主張「在肉眼所看不見的世界裡，某些現象只能以機率方式來推定」。針對此論點，愛因斯坦則以「神不會擲骰子」大力反駁波耳。他認為，神所創造的世界中，即使肉眼看不見，也存在著單純、明確又美麗的法則，不會有不確定的事物。

科學小知識

愛因斯坦的狹義相對論

狹義相對論指的是：「時間的前進方式與空間的大小並非是『絕對』的，而是經過兩個以上的地點互相比較後，產生的相對性認知。」

舉例來說，有個火箭以接近光速的速度前進。對於在火箭外的人（觀測者）來說，以接近光速前進的火箭，其時間的前進速度看起來就會較慢，而火箭（空間）看起來也較小。

其實不只是光速，一般行駛的車子、行走的人，所有在動的物體，其時間的前進速度都較慢，而且物體應有些微的縮小。只是因為這個變化太細微，很難被察覺罷了。

人生中的重大失誤

愛因斯坦可說是史上最知名的科學家，但是他也曾經犯下一個大失誤。

在第二次世界大戰期間，身為猶太人的愛因斯坦，逃離了希特勒統治下的納粹德國，來到了美國。

科學家們都知道，納粹德國已經發現可以利用「核分裂」技術，來製造核子武器。美國的羅斯福總統擔心這樣下去，納粹德國會開發出極為強力的炸彈，於是提議要在德國之前先製作出原子彈，而愛因斯坦也在這樣的文件中簽名。之後，第二次世界大戰便是以美軍對日本投下原子彈來劃下終點。愛因斯坦雖然和原子彈的發射沒有直接關聯，但他直到臨終前都相當後悔贊同開發原子彈一事。

火箭停止不動時，火箭內的人和在火箭外的人時間相同。

火箭以接近光速移動時，火箭前進的時間看起來較慢、火箭看起來也變小。

不論好壞，愛因斯坦就是這樣的人

- 除了數學以外，其他科目都吊車尾的學生。
- 在悠閒的工作空檔中，思考出偉大的相對論。
- 認為真實世界的現象都能用物理法則來解釋。

愛因斯坦的喃喃自語

德國後來終止了開發原子彈的計畫。不過，建議美國總統開發原子彈這件事，是我人生中最大的錯誤。

愛因斯坦的感人金句

愛因斯坦（↓第90頁）曾提出許多無與倫比的創新想法。那麼，他曾經說過哪些經典名言呢？或許其中也藏有他豐富想像力的祕密喔！

「不管是在什麼條件之下，我很確定，神是絕對不會擲骰子的。」

這是愛因斯坦反駁「量子力學（↓第98頁）」的主張而說的話。量子力學認為觀測到的現象會受機率所左右，但，愛因斯坦無法接受這個曖昧的說法，他很肯定地認為「神（宇宙之神，並非一般認知的神明）不會擲骰子」，也藉此批判量子力學強調的機率說。

呃，你問我那些想法是怎麼來的嗎？大概就是持續地思考吧！

「你的弱點，總有一天會成為你的特點。」

愛因斯坦本身就是個充滿缺點的人，但也是因為這些缺點，才顯現出愛因斯坦的個性。也正是因為這些缺點，讓他得以走向屬於自己的路，並且提出了改變世界觀點的偉大發現。

「想像力比知識更重要。知識有其極限，但想像力是沒有邊界的。」

具備知識固然重要，但更重要的是想像力，想像力能夠超越知識的框架，不受到任何東西拘束，是創意的源頭。

「所謂常識，不過就是18歲前累積的偏見。」

「偏見」，是指以偏頗的角度看待事物。所謂的「常識」，也不過就是大多數人懷抱的偏見而已。愛因斯坦總是對常識抱著有所懷疑的態度，也許正是因為如此，才能有新的發現。

「人生啊，就像騎腳踏車一樣。必須不斷地往前進，才能夠保持平衡。」

騎腳踏車時，如果不持續踩著踏板往前進，就會倒下來。我們活著也是一樣的，如果不持續往前，一定也會立刻倒下。前進，才是能持續生存的關鍵。

物理學家的秘密

他是誰？
丹麥的理論物理學家，利用量子理論說明了原子的構造。
其對量子力學的解釋，和愛因斯坦的主張不同。

最怕寫論文跟演講的量子力學先鋒 波耳

1885～1962年

興趣 思考

口頭禪 愛因斯坦他～

個性 我行我素、冷靜

最害怕 做實驗、寫文章、在多人面前說話

對手 愛因斯坦（↓第90頁）

愛因斯坦的良性競爭對手

「這麼說來……」

「……愛因斯坦會怎麼想？」、愛因斯坦會怎麼說呢？」

有一位總是不斷唸著世界級科學家的名字，一邊不斷思考的物理學家，這位物理學家的名字叫作尼爾斯．波耳，他所在的地方是丹麥哥本哈根的一處研究所，而他最擅長的是觀察微小世界的「量子力學」。

為什麼波耳要一直碎念著科學界的泰斗愛因斯坦的名字呢？這是因為愛因斯坦在量子理論的觀點上，和波耳時常意見不合，常常在波耳發表想法後，說了聲「等一下！」來中斷討論。結果不知不覺，「愛因斯坦」就成了波耳的口頭禪，波耳常在想事情的時候，會一邊思考如果是愛因斯坦會怎麼想呢？

雖說兩人的科學見解大不相同，但波耳非常尊敬大他6歲的愛因斯坦，愛因斯坦也曾對波耳加以讚賞，更曾經對波耳說：「你是帶給我歡樂的人。」而在這個意見交換論戰中勝利的，總是波耳。

雖然笨拙但卻不屈不撓

波耳的父親是大學的生理學教授，也是醫師，興趣則是研究物理學；母親出身自經營銀行的富裕家庭，波耳在雙親充滿愛的環境下長大，過著經濟無虞的生活。

不過，波耳一開始並沒有展現出天分，他總是一股腦地專注在實驗和操作機

波耳父親的告白

波耳這孩子很容易沉浸在自己的世界中，但只要是他想了解的東西，他就會花很多心思去深入探索。我很努力避免揠苗助長、壓抑了他的天分。

科學家包立的爆料

波耳常常弄壞實驗器材，但是每次都推說是我弄壞的，把責任推到我身上來，哼。

器上，成績表現也不突出，但他的父母並不會因此逼他讀書，只是靜靜陪伴著波耳。例如有一次，波耳為了修好鐵鍊斷掉的腳踏車，竟然把整台腳踏車都拆解開來，但波耳的父親也沒有因此責罵他，而是在波耳身旁，等待他自己重新組好。

波耳就這樣在沒有壓力的環境中自在地長大，而他的數理能力也逐漸萌芽，在大學入學考試時，波耳獲得了極佳的成績。

完美的弟弟

波耳有個小他2歲的弟弟，不管什麼事情都做得比哥哥還要好，非常優秀。在學校的成績也比哥哥還出色，甚至比哥哥早取得博士學位。就連一起踢足球，弟弟也被選為正式選手，甚至具備進入奧運代表隊的能力，而哥哥波耳則是替補選手。

有這樣完美的弟弟，照理來說哥哥會感到自卑吧？但波耳並不會嫉妒弟弟，他從小就很疼愛這麼出色的弟弟，弟弟也會協助哥哥做研究，即使長大成人，兄弟倆也維持互相合作的關係。後來，波耳也僅晚弟弟一年取得博士學位，並成為了物理學家。

受到名師拉塞福的引導

當波耳進入哥本哈根大學就讀時，物理學在國內並不受到歡迎。當時，愛因斯坦也只是個在專利局內工作的普通人，專攻物理的學生很少，研究室也只是學校的一個小角落而已。

波耳在做實驗時，都會使用父親的生理學研究室。直到1905年，愛因斯坦發表《狹義相對論（↓第94頁）》後，才出現了空前絕後的物理學風潮。

波耳在1912年前往英國的曼徹斯特大學留學，更遇見了以「原子論」聞名的拉塞福。拉塞福引導許多科學家，是宛如一盞明燈般的存在。他身邊總共出了12位諾貝爾獎得獎者，波耳也相當尊敬拉塞福，待在名師身邊的拉塞福，更迅速綻放出他的天分。

相較於愛因斯坦一個人解開了宇宙的法則，波耳則是受到拉塞福的影響，在與來自世界各地的科學家討論後，持續他的研究。

波耳為了說明原子的構造，設計了融入量子理論的「原子模型」，之後也獲得了諾貝爾物理學獎。

超害怕寫論文和演講

波耳出身於富裕的家庭，又有能夠理解他的性格的家人與恩師，可說是非常幸福。不過，因為波耳個性溫和、特別不擅長表達，所以也為他帶來了一些困擾，例

波耳弟弟的爆料

哥哥總是對我面帶微笑，非常溫柔。我曾經幫不擅長寫文章的哥哥代寫過論文（噓）。

波耳的喃喃自語

包立（→第 104 頁）每次都會毫不客氣的說出自己的想法，我很喜歡他的坦率，那反而有助我整理出自己的想法。

如他很不擅長統整自己的想法，科學家常進行的活動如寫論文、演講等，對他而言更是難上加難。只要是在大家面前說話的場合，波耳常常都會因為無法整理自己的想法而突然沉默，甚至無法開口說話。據說，波耳的論文也重寫了很多次。

還有一點是，波耳有時候會如同失去電力的機器人一般，忽然四肢無力，甚至連動也不動，周遭的人都會被嚇到，想著：「咦？他怎麼了？沒事嗎？」但其實這種時候，代表波耳的大腦正在全力加速轉動中。

物理學家中，有些人是以思考取勝（理論物理學家）；有些人則是透過實驗操作取勝（實驗物理學家），而波耳則屬於前者。

波耳不管身在何處都可以進入深沉的思考，即使是在演講中、足球比賽中都一

科學小知識

不可思議的量子世界

「量子」指的是極為細小的存在（如電子等物質）。波耳所研究的量子理論世界中，具有肉眼看不見的法則，而且和我們認知的物理定理完全不同。

在量子世界中，有個不可思議的性質叫做「狀態的疊加」。

舉例來說，在一個盒子內放入蘋果，蓋上蓋子後，再把箱子隔成一半。這時，我們會認為蘋果理所當然會位於其中一半的空間內。但是，量子世界不同。如果將微小物質放入盒子，一樣蓋上蓋子、隔開後，量子世界中的物質，會有一半的機率同時存在於兩邊的空間。但是，一旦蓋子打開後，物質則會像什麼都沒發生般，回到其中一邊。

樣。曾有一次在足球比賽時，當球飛向身為守門員的波耳面前，大家都認為波耳會守好球門，然而，這時候，波耳的腦中卻開始計算起與球門有關的數學問題，根本沒有把專注力放在防守上。大概是因為這樣，所以波耳才只能當替補球員吧！

不管好壞，波耳就是這樣的人

・非常我行我素，甚至會嚇到周遭的人。

・愛因斯坦的最佳競爭對手。

・有時候會因用腦過度，忽然呈現「登出」狀態。

當物質放入盒子以後

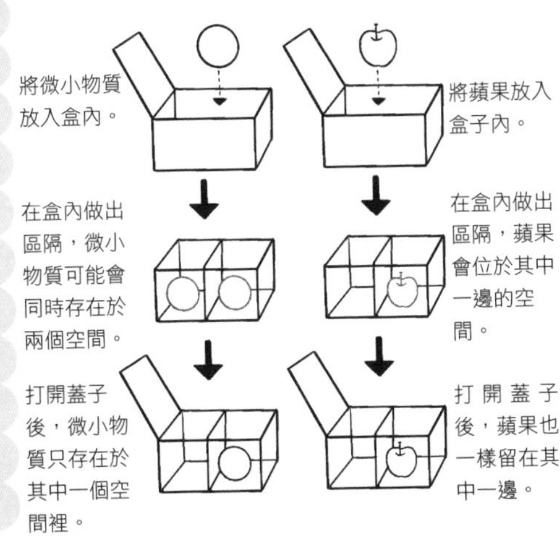

他是誰？
瑞士的理論物理學家。在量子力學領域中留下許多成果，
其中的「包立不相容原理」建構了現代化學的基礎。

物理學家的祕密

包立

1900～1958年

是物理學天才 也是破壞物品的天才

專長
找出理論中的錯誤

個性
幽默但毒舌

特殊能力
具有「包立效應」這種破壞實驗器材的能力

很早就讀起難懂的相對論

沃夫岡．包立出身自奧地利，是個因「包立效應」流傳於世的物理學家。學生時代，他在數學、物理、天文等各領域都相當有天分，儼然是個天才。對於天資聰穎的包立來說，學校的課程太過簡單、一點都不有趣。上課期間，他甚至還拿出了連科學家都難以理解的相對論（↓第91頁）書籍，偷偷閱讀打發時間。

另一方面，他相當幽默，是班上的人氣王。包立還會幫老師取很適合他們的綽號，總能讓朋友們捧腹大笑。

嘴巴很毒的年輕天才

決定成為物理學家的包立，在18歲那年前往德國慕尼黑，接受索末菲教授的指導。這個時期，包立已經將相對論相關的論文投稿到科學期刊，被認定為「菁英少年」，也在教授身邊發揮其天分。例如包立曾經替教授撰寫刊登於《數理科學辭典》中的相對論解說文稿，深受好評。

就連愛因斯坦（↓第90頁）看過那篇文稿後，也相當讚賞包立，認為：「很難相信作者只有21歲！讓我一度想重新思考我的理論。」

不過，包立只要在他人的意見中找到錯誤，無論對誰都會毫不留情、直接糾正，也成了他個人特色。就連對愛因斯坦，他都曾以「雖然那個說法也沒錯」開頭，更毫不畏懼地說出「你的理論放著不管也會自然滅亡」等言論。雖然有些人也會因他無禮的言論而生氣，但量子力學的

包立的藉口

我只是對科學很誠實罷了。雖然我嘴巴有點毒，但我說的都是對的。

大前輩波耳（↓第98頁）等一流科學家卻莫名喜歡他。愛因斯坦也叫包立為「頑皮小子」，更喜歡看他和波耳一來一往鬥嘴。對於有時會想東西想到卡關的科學家來說，包立提出的意見似乎能給予他們解決問題的提示。

在分析微小世界的量子力學領域中，包立也有顯著的成果。尤其包立更因「不相容原理」，制定了電子在原子核周邊的配置，於1945年獲得諾貝爾物理學獎。除此之外，包立也預測了新的基本粒子（日後的微中子）存在，為量子力學的進步提供極大助力。

破壞物品的特殊能力？

不過，就算是這麼了不起的包立，也

是有缺點的。那就是他一天到晚弄壞實驗器材，甚至「包立只是靠近正在進行實驗的試管而已，試管就破了」、「在包立與他人爭論時，對方坐的椅子忽然就壞了」等事蹟。因為包立身邊出現太多這類像是有魔神仔一般的事蹟，大家開始半開玩笑地說這一定是「包立效應」，據說，包立本人也認同這個不可思議的現象。

不論好壞，包立就是這樣的人

- **小時候就看得懂「相對論」書籍的天才。**
- **相當擅長找出理論中的錯誤。**
- **因為莫名其妙的「包立效應」而聞名。**

科學小知識

微中子是什麼？

「微中子」是基本粒子的一種，屬於不帶電的小型粒子。基本粒子比原子（↓第204頁）還小很多，是無法再分解的物質。宇宙中充滿了微中子，更以每秒鐘100兆個的速度通過我們的身體。

包立朋友的爆料

我記得有一間大學那陣子發生爆炸事件，當時包立好像剛好搭火車經過那邊……這，這絕對是包立效應！

他是誰？

日本的理論物理學家。透過理論預測「介子」的存在。是首位獲得諾貝爾物理學獎的日本人。

物理學家的祕密

常常問出白目問題的諾貝爾物理獎得獎人

湯川秀樹

1907～1981年

個性

內向

綽號

因為常常回答「不說」，而有「伊旺」的暱稱（譯註：日文發音類似）

我有問題！

緊張…

興趣

閱讀、提問

超級愛發問的少年

湯川秀樹的父親，是京都帝國大學理學院（今日的京都大學理學院）的優秀地質學家，而且也相當熟悉歷史及文學等領域。據說湯川秀樹家中，父親的藏書堆積如山，大約有數萬本之多。這些書的量多到秀樹兄弟會在書中迷路的程度，也曾被壓在書下。

秀樹從小就閱讀許多書籍，他的成長過程中吸收了豐富的知識。之後秀樹也曾說：「從我開始懂事的時候，就常常沉迷在書的世界了。」

秀樹是個沉默寡言、相當喜歡讀書的穩重少年。在學校，只要遇到麻煩的事情，他全部都會回答「不想說」，因此被取了「伊旺」的綽號。（譯註：原文中湯川秀樹說的是「言わん」，為京都腔中「不說」（言わない）的意思，其被取的綽號為「イワン」，兩者的音相近，在此音譯為「伊旺」。）

不過，因為秀樹的頭腦極佳，平常捉弄秀樹的朋友到了接近考試的時候，就會變得非常乖巧，請秀樹教他們功課。

秀樹的藉口

要解釋實在太麻煩了，通通都回答「不説」就好了啊，別人怎麼想無所謂啦。

旺盛的求知欲，長大後也沒改變

秀樹和父親一樣，進入京都帝國大學就讀，埋頭研究物理學。1935年，他發表論文預測介子的存在，更於1949年獲得認可，成為第一位獲得諾貝爾物理學獎的日本人。

一般來說，人只要越來越偉大，就會怕別人發現自己有不了解的事物，但秀樹完全不會這樣想。

秀樹原本個性就無法放著問題不管，從小他就常常追著他人問「為什麼」。這個習慣到他就讀大學後、獲得諾貝爾獎以後也都沒有改變。而且不只是困難的問題，就連大家都知道、理所當然的事物，他也會提出疑問。每當他提問時，周遭總

科學小知識 什麼是介子？

構成物質的最小粒子稱為「原子」，英文稱作「Atom」，被認為是物質的最小單位，無法再分割。

不過，進入20世紀以後發現，原子是由原子核與電子所構成，更發現原子核是由質子與中子所組成。而連結質子與中子的，就是「介子」。介子在兩種粒子間如傳接球般不斷運作，連結兩種粒子。

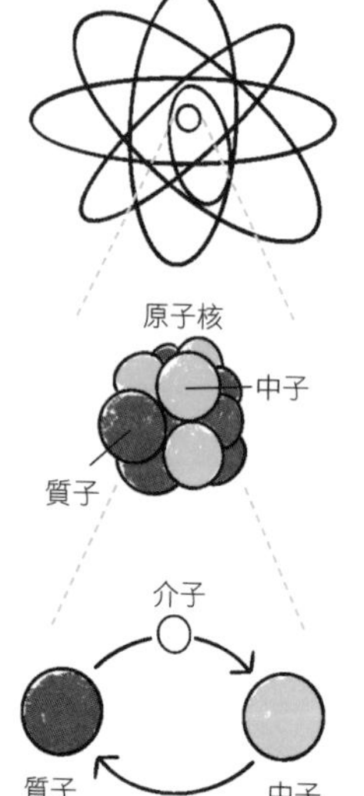

會有所騷動，如果有人回答出眾所周知的答案，秀樹就會很沮喪地認為：「我真是笨啊。」不過，他偶爾也會提出尖銳的問題，讓討論氣氛更加活絡。

此外，當他在大學教課時，曾經有學生問他算式是不是寫錯了。沒想到秀樹不管現在還在上課中，就直接請數學家前輩來解答，並和學生一起聽數學家的說明。

不管對什麼事物都抱持著單純的疑問，只要一有疑問，就會不顧一切、一定要搞懂為止。這樣宛如孩子般的單純個性，也許就是秀樹能夠取得物理上的成就的原因之一吧！

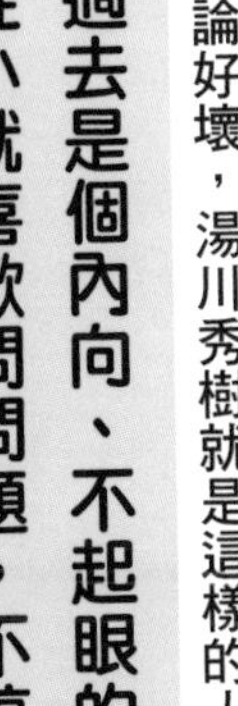

不論好壞，湯川秀樹就是這樣的人

- 過去是個內向、不起眼的孩子。
- 從小就喜歡問問題，不搞懂不罷休。
- 即使長大了，求知欲也沒有因此消退。

研究生的爆料

湯川老師在課堂上總是對著黑板小聲說話，其實很難聽得見。對我來說，就像是溫柔的搖籃曲一樣（噓）。

你是哪種科學家？科學家性格測驗

科學家們也有各種不同的性格，現在就來測驗看看，如果有一天你成為科學家，會是哪一種類型吧！

START

否 是

喜歡生物這個科目

曾經養過任何生物

喜歡思考肉眼看不見的事物

會好好照顧自己飼養的生物

手很巧

很擅長算數

比起在腦中思考，更喜歡出外觀察

想到什麼就會立刻說出口

討厭和他人做一樣的事情

戶外觀察型

喜歡用自己的雙眼觀察，而不是在書桌前思考的類型。

例：牧野富太郎
（→第 22 頁）

努力型

持續努力，進而發揮自己優點的類型。

例：野口英世
（→第 46 頁）

發問型

透過詢問其他人，找到研究靈感的類型。

例：湯川秀樹
（→第 108 頁）

靈光一現型

腦中會浮現他人想不到的事物。

例：愛因斯坦
（→第 90 頁）

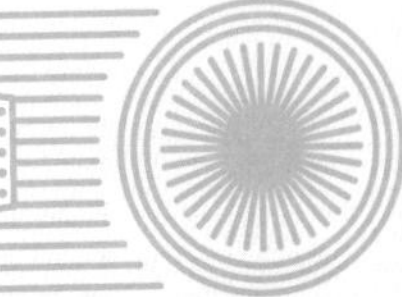

天文學家

天文學家的祕密

他是誰？
義大利天文學家，使用自製天文望遠鏡觀察月球、木星等，更提倡「地動說」，認為「地球是以太陽為中心運轉」。

小時候不受歡迎，長大卻引發天文學熱潮

伽利略

1564～1642年

最討厭 錯誤的事物

專長 優秀的觀察力

興趣 挑起爭論

綽號 吵架王

被稱為吵架王

伽利略・伽利萊的父親是位音樂理論家，家境並不富裕。伽利略雖然頭腦很好，但他有會讓身邊的人感到困擾的特點，那就是他喜歡跟人爭論，而且一定要爭到對手認輸才罷休。雖然也會有人反駁他，但最終還是說不過伽利略。

到了伽利略要念大學的時候，他聽從父親的建議，進入醫學院就讀，然而他在學校裡還是時常跟人爭辯，例如他會追問老師教科書上的內容是否正確，或是對朋友提出的想法潑冷水。他常常會提出不同的意見，也因此有了「吵架王」的封號。這時候，大家為了不和他起衝突，也開始紛紛避開他。

想改變大家對科學的態度

身為醫學生的伽利略，意外地發現自己其實有更感興趣的科目，所以後來他從大學輟學，專心研究物理學。他發表的

學校老師的爆料

亞里斯多德的想法當然是對的啊！但是有個叫伽利略的學生竟然反問我：「你有自己實驗過嗎？」我第一次遇到學生懷疑課本上的內容。

伽利略的藉口

我想知道真相，只是想知道真相而已。因為課本上寫的也不一定都是對的啊！

許多論文都受到矚目，更以25歲的年輕之姿，當上了老師，而且回到原本輟學的大學教書。

不過，伽利略的性格還是沒有改變，回到大學教書的他，還是不斷和人起爭執。支持舊學說的教授、用錯研究方法的同事，都被伽利略攻擊得體無完膚；伽利略甚至寫詩抱怨校規，原因是他認為「在學校以外也要穿制服」的規定實在太無聊了。不僅如此，伽利略就連面對國王的兒子也面不改色。某一天，當他看見了國王兒子畫的機械設計圖，竟然直率地說出：「這個完全不行，根本動不了。」照常發揮他的毒舌本領。完全不修飾想法的伽利略，當然也因此激怒了國王。結果就是，伽利略在學校內外都樹敵無數。

不過，伽利略之所以會這樣不斷跟人起爭執，是有原因的。因為他認為，不

科學小知識

單擺的等時性

伽利略注意到，教堂天花板掛著的美麗吊燈，在搖動時，似乎有某種規律。不管是強風吹來，讓吊燈大幅擺動時，還是微風靜靜吹著，吊燈只有輕微擺動時，吊燈來回擺動所花的時間都一樣。

伽利略甚至用自己的脈搏，測量吊燈來回擺動所花的時間。

伽利略發現，單擺的擺動幅度可能變動，但來回擺動的時間幾乎不受擺動幅度影響，而是受到單擺的擺長（例如吊繩長短）影響，這就是「單擺的等時性」。

管是什麼學說，都必須透過實驗與觀察驗證，並用自己的頭腦思考過才對。但是當時的學校課程，只需要熟悉兩千年前亞里斯多德（↓第66頁）所寫的學說，這讓伽利略不能認同，他想刺激一下這些懷抱舊思想、舊科學不放的人。實際上，伽利略希望改變的是那個時代做學問的方式，進而促進科學發展，才會不斷找人吵架。

用望遠鏡作為武器，公開支持地動說

伽利略所在的時代，多數人相信「天動說」（↓第67頁），也就是「地球是宇宙的中心，太陽等星球則繞著地球旋轉」，這個說法也和當時大權在握的基督教教義互相結合。

另一方面，伽利略認為天文學家哥白尼所主張的「地球及其他的星球繞著太陽轉」，也就是「地動說」才是正確的。雖然伽利略急著想找天動說派的人辯論，但苦無確切證據。此外，當時向民眾推廣地動說的牧師竟慘遭火刑，伽利略只好一直忍著不出面。

某天，荷蘭有個眼鏡店發明了望遠鏡的消息，傳到了伽利略的耳裡。他進一

單擺的等時性

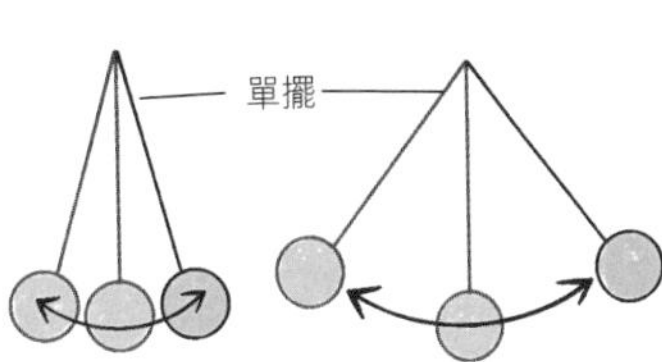

擺長相同的情況下，無論單擺的擺動幅度大小，來回擺動一次的時間都不會改變。

克卜勒的爆料

因為伽利略跟我的想法相同，我還寫了信跟他說「謝謝你也支持地動說！」但他都沒有回信呢。

步了解，發現望遠鏡的結構非常簡單，只要用一片物鏡和一片目鏡，也就是只要兩個鏡片就能做成。於是，獲得靈感的伽利略立刻開始製作望遠鏡，並且成功完成一款更精密的望遠鏡，他將望遠鏡對著夜空觀測，竟然看到了與教科書所說截然不同的滿天星斗。伽利略藉此也觀察到太陽自轉、金星盈虧等現象，更確信了地動說的正確性，他感動地想：「這樣就能證明我說的是對的了！」

伽利略寫下了他透過望遠鏡得到的發現，並出版成書。接著再將這本書和手工製作的望遠鏡送給貴族們，引發國內一股天文學風潮，就連死腦筋的學者和具有權力的教會都不得不認可伽利略的發現。伽利略甚至還和基督教地位最高的教皇會面，希望能拉攏教皇。做好充足準備的伽利略，接著就公開宣布自己支持地動說。

不過，天動說派的人並不樂見這個

信，並告訴教皇，信中寫了批判聖經的內容。教廷警告伽利略不得提倡地動說，但在這裡打退堂鼓就有損吵架王的名聲了。

「只要不說只有地動說是對的就可以了，那麼，不要只提倡地動說，教廷就不能說什麼了。」於是，伽利略寫了一本獨特的科學書《關於托勒密和哥白尼兩大世界體系的對話》，內容是由三個人物，分別代表地動說的贊成派、中立派、反對派的對話所構成的。

吵架王的自尊

這本書瞬間就成為暢銷書，引發國內的天文狂熱，這時伽利略的敵人們又開始動作了。他們向教宗說，書中支持天動說的愚蠢男人是以教皇為原型來撰寫的，用各種手段挑起教皇和伽利略之間的紛爭。

伽利略於是被教廷逼迫，要求他向大眾宣告地動說是錯誤的學說。

「如果我承認地動說是錯誤的，那科學的發展就會中斷了。但如果不承認的話，我就會遭到火刑，該怎麼辦呢？」

無能為力之下，伽利略只能聽從命令並宣誓，接著他就被禁止書寫任何文章，更被軟禁於自家中。不過，他並未就此放棄。伽利略和他的弟子繼續研究，並偷偷撰寫新的科學書籍，再將原稿送到教廷無法掌握的國外去，巧妙地出版了。

即使被軟禁，伽利略仍為了科學的發展堅持到最後。

不論好壞，伽利略就是這樣的人

- 容易和別人起爭執，而且絕不認輸的吵架王。
- 直接否定亞里斯多德的理論。
- 直到最後都不放棄傳遞自己的主張。

伽利略的喃喃自語

用望遠鏡觀察真的很耗眼力，長期觀測讓我的眼睛漸漸看不太到了。幸好有弟子們的幫忙，讓我可以努力繼續研究。

天文學家的祕密

他是誰？
德國的天文學家。發現「克卜勒定律」，其中包含「繞著太陽走的行星軌道呈橢圓形」的「橢圓定律」。

1571～1630年

克卜勒

寫的信跟提出的定律一樣難懂

弱點
不擅長整理想法

個性
好奇心旺盛

興趣
寫信

崇拜的對象
伽利略（↓第114頁）

喜歡寫詩送人，但是沒人看得懂

克卜勒小時候常常生病，當時他最喜歡做的事就是「寫詩」。他很擅長在詩中融入艱深的古文詞句，或者使用華麗的修辭，他甚至會寫藏頭詩！

不過，因為克卜勒的腦子總是轉得飛快，他常常前一個念頭還沒想完，下一個念頭就又蹦了出來，所以他的詩寫著寫著就會不小心偏離主題，讓讀的人搞不清楚意思，常常讀完還是一頭霧水。

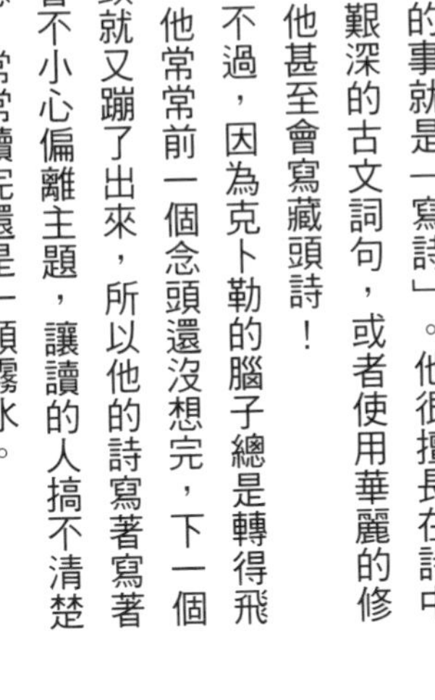

寫的信也落落長

即使長大成人，當上了數學老師，也研究起天文學，克卜勒對於寫文章的熱情仍然有增無減。他常常寫信給自己的朋友、恩師，還有支持自己研究的人。而且克卜勒什麼都寫過，例如尚未整理過的研究內容、抱怨職場、炫耀工作成就、請人介紹輕鬆的工作，甚至是委託人調查妹妹未婚夫的身家背景等應有盡有。克卜勒每天只要腦中靈光一閃，就會開始寫起囉嗦的書信。

除了以上包羅萬象的內容之外，克卜勒也寫過多數人會羞於啟齒的私人話題。例如，他因為妻子離世，打算再婚，竟然將11位女性列為再婚候選人，還幫她們編號，並花了長達兩年的時間徹底比較、分

克卜勒的喃喃自語

我的第一段婚姻不太順利。這次一定要謹慎思考，才能和最理想的對象結婚，這很重要耶，你說是不是？

析。他甚至還在書信裡誠實寫下因為自己搖擺不定，因此錯過幾位女性的過程。

他寫的信內容通常也「落落長」，甚至還有足足寫滿40張信紙的紀錄。而且信件內容和他的個性一樣，改不了話題換來換去、牛頭不對馬嘴的壞習慣，想必收到信的人也讀得很辛苦吧！

被伽利略已讀不回

克卜勒24歲那年，為了支持地動說（↓第117頁），他出版了《宇宙的奧秘》一書，也是他的第一本著作。克卜勒完成這本書時非常開心，甚至寫了好幾封粉絲信，連同他的著作一起寄給他崇拜的幾位科學家，其中也包括了伽利略（↓第114頁）。相信地動說的伽利略收到信以後相當興奮，也寫了信回覆克卜勒：「我也相信地動說，雖然我已經蒐集了證據，但我擔心證據還不夠有力，所以目前還沒有公開。」而克卜勒也立刻就回信：

「伽利略先生，若您有自信支持地動說的話，就請公開吧！我會和您一同奮戰！期待您的回信。」不過，克卜勒不管等多久都沒有再得到回信。因為伽利略認為，克卜勒聽到自己還不打算公開支持地動說，一定會認定自己是「膽小鬼」，就決定不再回信。

一封改變人生的信

此時，克卜勒的書和粉絲信也寄到了丹麥天文學家第谷手上。第谷看出了克卜勒的才華，邀請他來協助自己研究，後來，克卜勒取得了第谷長年觀察整理出的火星觀測數據，這也成為他往後研究上的一大立足點，進而發現行星軌道的規則，並撰寫成書。

不論好壞，克卜勒就是這樣的人

- 熱愛寫信，但是寫著寫著就偏離主題。
- 因為一封信而遇到了生命中的貴人。
- 非常崇拜伽利略。

科學小知識

克卜勒的橢圓軌道

克卜勒利用第谷的觀測數據，發現繞著太陽旋轉的行星軌道呈現橢圓形，這稱為「橢圓定律（克卜勒第一定律）」。

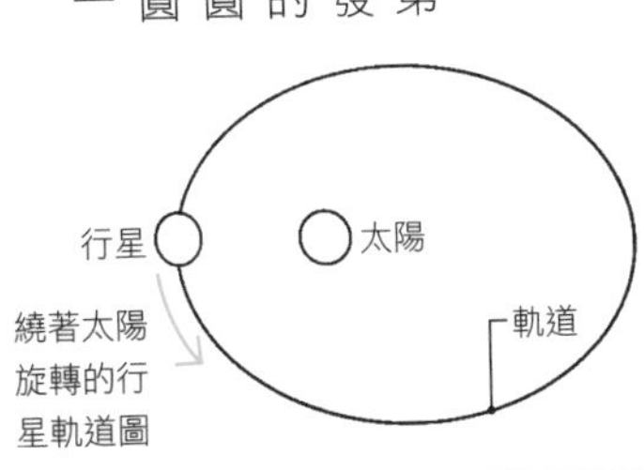

克卜勒的喃喃自語

如果有人看懂我寫的橢圓定律，一定會知道這是多麼偉大的東西，嘻嘻。

他是誰？

美國的天文學家。發現銀河系以外還有其他星系存在，並提出了「哈伯定律」。

天文學家的祕密

孤獨迎接死亡的科學界美男子
哈伯

1889～1953年

實際個性
小心眼、自我中心

表面形象
運動天才、個性爽朗

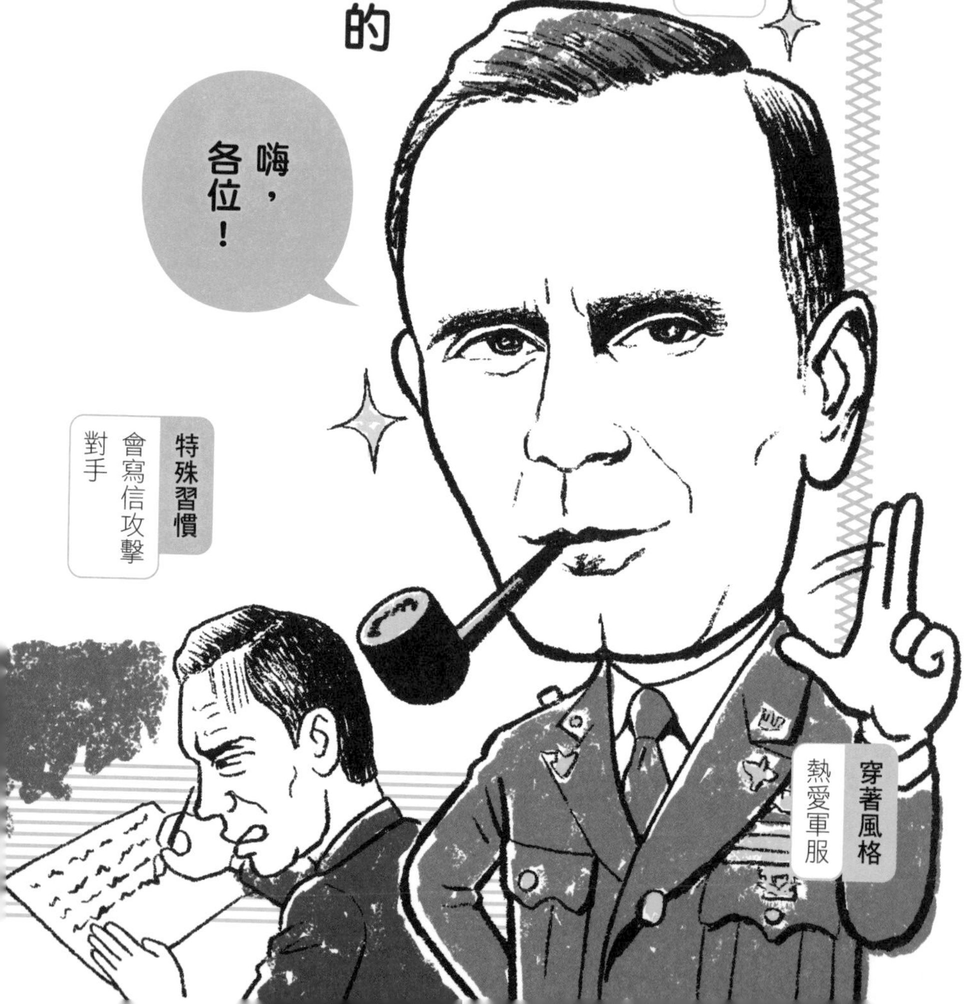
嗨，各位！
特殊習慣
會寫信攻擊對手
穿著風格
熱愛軍服

特立獨行的美男子

臉蛋帥氣、16歲就進大學，運動方面也難不倒他，甚至獲得職業球隊邀約，這個樣樣都無可挑剔的男子，就是美國天文學家哈伯。不過，他對於時尚、打扮卻有著奇怪的堅持。

哈伯年輕時就夢想成為天文學家，但遭到父親反對，於是大學時選擇念法律，更前往英國知名的牛津大學留學。哈伯非常留戀在英國唸書時的氛圍，所以回到美國後，他仍然穿著英式短褲，小指戴著閃亮亮的戒指，身上披著大學的披風，手上拄著拐杖，口中更說著英國腔，簡直就像一個裝模作樣的英國大學生，連家人也覺得非常傻眼。

之後，哈伯的品味與堅持又再次進化。他在父親去世後，因為無法放棄成為天文學家的路，便在研究所重新學習，也曾從軍參戰，後來到天文台工作，成為夢想中的研究員。然而，明明戰爭已經結束，哈伯卻在第一天到天文台報到的日子，穿著軍服出現。他嘴裡叼著一根菸斗，說著一口英國腔，裝成一副軍人的模樣出現在天文台，讓在場的同事們都感到疑惑又反感。不過，哈伯卻一臉若無其事，扮演了一段時間的「軍人」。

非常不受同事歡迎

比誰都熱衷天文觀測的哈伯，某天發現了一顆不可思議的星星，因為這顆星星的位置，竟然在地球所在的銀河系之外！不過，當時他的同事認為，宇宙中只有銀河系，加上他們本來就不喜歡哈伯，因此

哈伯的喃喃自語

哼！不管是拳擊、田徑、棒球還是籃球，什麼運動都難不倒我。尤其是田徑中的跳高項目，我還破了伊利諾州的州紀錄呢！

哈伯同事的爆料

哈伯每次都覺得自己最帥、只有他才是對的，裝出一副貴族的樣子，有夠討人厭！

哈伯的說法被強烈反駁。

不過，在這過程中，哈伯的態度也不佳。他會偷偷分析同事的研究數據，找出錯誤後，再以此騷擾對方，結果導致他和大家的隔閡越來越深。這時，天文台台長想出面斡旋，幫助哈伯和同事修補關係，卻被哈伯斷然拒絕了。

除此之外，哈伯只要找到有人的論文和自己的很像，就會立刻寫信攻擊對方。如果看到有研究者使用他先發表的觀測數

科學小知識

像氣球一樣會膨脹的宇宙

哈伯發現了「哈伯定律」，也就是「離觀測者越遠的星系，其遠離的速度會越快」這個現象，分析出宇宙會像氣球一樣膨脹。試著在氣球上畫出銀河系，並將氣球吹飽看看，就能瞬間理解哈伯的發現了！

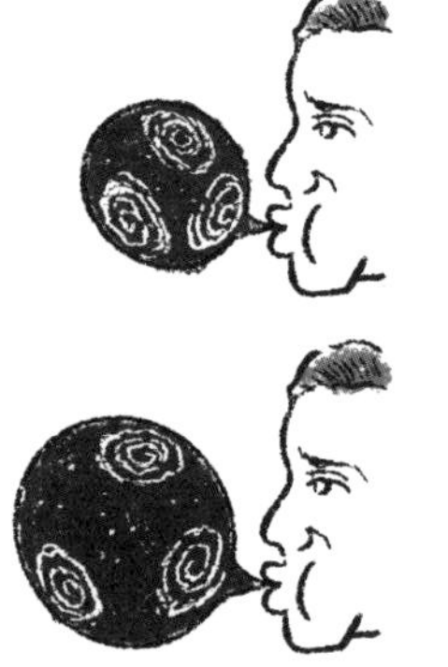

據來發表論文，也會寄出信件向對方示威：「那些數據是我們天文台的功勞，應該由我們出版論文才對！」

表面風光，最終孤獨迎接死亡

哈伯在天文觀測中，陸續有了不少新發現，例如他找到證明宇宙會膨脹的證據，讓他變得更加受矚目。不過，即使在天文台很忙碌的時期，哈伯依然會花上幾個月到國外度假，或是招待電視中的名人到自己家等，過著相當奢華的生活，這些自私行徑讓旁人對哈伯的抱怨不絕於耳。

哈伯雖然很想成為天文台台長，但他總是把自己的研究和名聲看得比什麼都重要，沒有同事愛、待人又小心眼的他，也就失去了被選為台長的機會。

最後，哈伯身體越來越差，在64歲那年離世。他過世一事並未知會家人、朋友，甚至是他曾服務的天文台，甚至沒有舉辦葬禮，也沒有對外公開安葬的地點。

不論好壞，哈伯就是這樣的人

- **表面看來生活得很風光，實際上卻很孤獨。**
- **擁有俊美的外表以及非常聰明的腦袋。**
- **會在背地裡攻擊對手。**

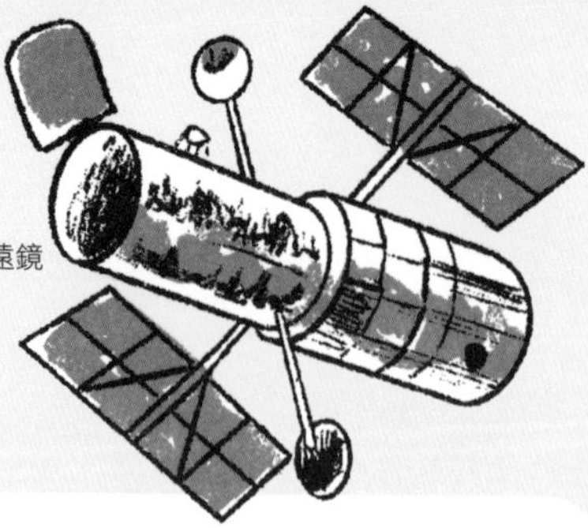

至今仍在服役的哈伯太空望遠鏡

哈伯太空望遠鏡於1990年發射升空，可觀測太空環境。雖然至今出現過層出不窮的問題，但目前它仍然持續服役中。

哈伯太空望遠鏡

相較於地面，太空中的空氣非常稀薄，幾乎接近真空狀態，因此更能清楚觀測到當中的星星。1990年，從地球發射了一組望遠鏡系統到太空中，為了紀念發現宇宙呈現膨脹狀態的哈伯（↓第124頁），而將該望遠鏡命名為「哈伯太空望遠鏡」。

在多次延後發射日期後，哈伯太空望遠鏡終於順利升上太空，但卻因零件故障，只能拍到失焦的照片。因此之後還派出了太空人升空來修理望遠鏡。

哈伯太空望遠鏡系統每隔幾年就會故障，在這之間，雖然不斷有關於是否要讓哈伯太空望遠鏡退役的討論，但哈伯望遠鏡仍然貢獻了不少非常珍貴的太空照片。

然而，2021年預計會有新的太空望遠鏡升空（註：韋伯太空望遠鏡已於2021年12月25日升空），也許哈伯太空望遠鏡會在不久的將來，因結束它的任務而掉落至地球、燃燒殆盡。

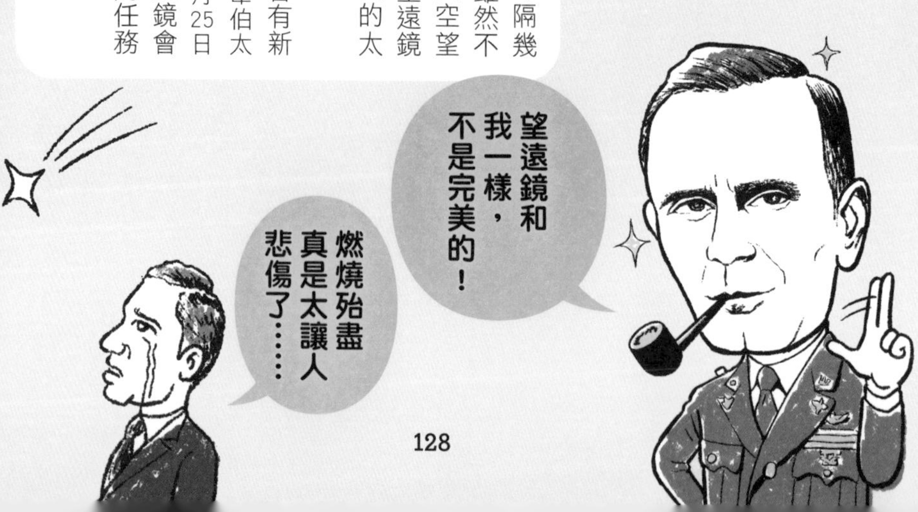

發明家

發明家的祕密

他是誰？
瑞典的發明家、企業家。因為發明黃色炸藥而致富，
並用財產創立了諾貝爾獎。

諾貝爾

1833～1896年

財運很好、戀愛運卻很差的炸藥發明者

個性 心思細膩、敏感

最不擅長 和女性相處

弱點 有頭痛的毛病

興趣 熱愛文學，自己也會創作

又被打槍了，
嗚嗚嗚～～～

被誤會是「死亡商人」

「死亡商人阿佛烈・諾貝爾逝世，享年55歲。」

55歲那年，諾貝爾在報紙上看到寫有自己名字的訃聞，內心受到衝擊。

「我明明還活著，這什麼意思？太過分了！」

明明是諾貝爾的哥哥去世，但媒體卻寫成是諾貝爾去世了。

諾貝爾因為發明炸藥（↓第133頁）賺到了很多錢，是多到他這輩子就算不再工作也花不完的程度。炸藥雖然可以用來開鑿隧道，替人們開闢道路，但是另一方面，炸藥也能夠作為恐怖的殺人武器。因此，報紙上才會稱諾貝爾是「死亡商人」，諷刺諾貝爾是憑著災難而致富。

看到這個稱呼，諾貝爾非常地震驚，這對於從小就心思細膩又敏感的他而言，無疑是個重大的打擊。原本是為了能讓戰爭快點結束，才發明黃色炸藥這個強力武器，絕對不是為了引發戰爭。

「怎麼樣才可以洗刷汙名呢？」

因為這件事情，諾貝爾決定以財產創立諾貝爾獎（↓第136頁），並寫在遺囑上。諾貝爾獎每年會頒給在「和平、物理、化學、生理學或醫學、文學」，以及後來增加的「經濟學」這六大領域有偉大貢獻的人。獲獎消息也往往是全球性的大新聞。

直到今天，諾貝爾的名字大多是因為諾貝爾獎而廣為人知，並不是他的發明家身分。而諾貝爾獎，可以說是因為諾貝爾的罪惡感而誕生的獎項。

諾貝爾的喃喃自語

我還被説成是「惡魔」或「殺人鬼」！明明我比誰都重視和平啊……（淚）。

諾貝爾父親的告白

諾貝爾常常待在我的研究室裡呢！雖然他身體不好，但頭腦卻很好，以後我想讓他協助我的發明工作。

從小就體弱多病

諾貝爾的爸爸是位建築師，不過並沒有專心在本業上，而是不斷嘗試發明各種東西。身為家庭支柱的父親無心工作，使得諾貝爾一家人總是三餐不繼，常常餓著肚子。加上諾貝爾從小就身體虛弱，他大多數時間都臥病在床、很少去上學，身邊也沒有朋友。

諾貝爾10歲那年，爸爸受到軍隊委託，著手開發水雷（水中炸彈）。諾貝爾跟著爸爸到了軍隊的試驗場，親眼看見水雷爆炸的場面，也見證了炸彈的威力。

為了不讓運送炸藥的人喪命而改良炸藥

後來，諾貝爾和爸爸，以及弟弟埃米爾一同努力製作起炸藥。製作炸藥的過程相當危險，因為當時的炸藥使用液態的硝化甘油製作，只要稍微搖晃，就有可能爆炸，讓人瞬間喪命。後來，因為硝化甘油的爆炸意外，諾貝爾失去了他重要的弟弟埃米爾。

雖然持續警告要小心運送硝化甘油，儘量避免搖晃，但世界各地仍然不時傳出貨船、馬車在運送硝化甘油時，忽然大爆炸，導致許多人死亡的消息。當然，這麼危險的硝化甘油很快就賣不出去了。

諾貝爾希望製作出更安全的產品，因此不斷研究，在液態的硝化甘油中加入矽藻土（由矽藻這種浮游生物的化石沉積而成的土）後，發明出更安全可靠的「黃色炸藥」。這個發明相當成功。

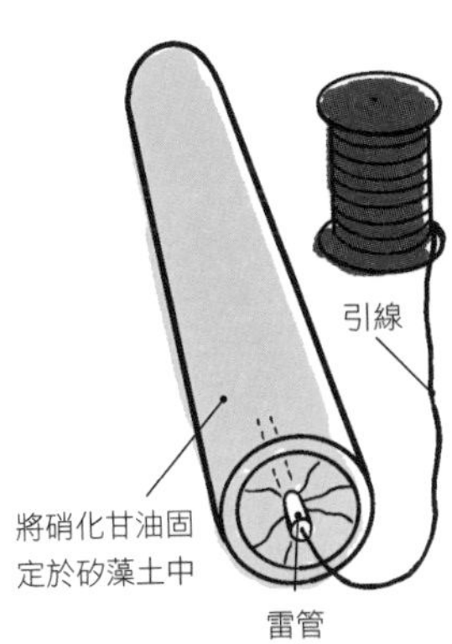

黃色炸藥的構造

將硝化甘油固定於矽藻土內，放入塞有火藥的小引管（雷管），最後透過引線點燃炸藥。

三度失戀

諾貝爾因為發明黃色炸藥，成為世界前幾名的大富翁，但是他的戀愛運實在很差，和女性的相處都是苦澀經驗。

他的初戀發生在17歲那年，對象是在藥房工作的一個女孩，但兩人才認識沒多

諾貝爾的喃喃自語

發生爆炸意外後，鎮上就禁止做實驗了。有段時間，我只能把船開到湖中央，偷偷在船上進行實驗。

諾貝爾的戀人・佐菲的爆料
我這裡有諾貝爾寫給我的218封情書，我想這些信應該很有價值，如果能幫我賺點錢，諾貝爾也會很高興吧？

久，對方就因為罹患結核病而過世了。

他的第二個戀愛對象，是在他43歲，因黃色炸藥的發明、事業一帆風順的時候。他對來應徵祕書的女性一見鍾情，不過，對方早有論及婚嫁的戀人，於是，諾貝爾經歷了人生中的第二次失戀。

之後沒多久，諾貝爾認識了一位在花店工作，叫做佐菲的美麗女子，年紀還足足小他20歲，諾貝爾徹底為她著迷。

不過，佐菲卻是個十足的壞女人。兩人並沒有結婚，但在相識後長達20年的時間裡，諾貝爾不斷地給佐菲錢。佐菲會寄出「討錢信」給諾貝爾，諾貝爾就心甘情願地把錢和情書一同寄給佐菲。但是，佐菲後來和其他男人越走越近，就和諾貝爾分開了。但在這之後，佐菲仍然不斷找藉口跟諾貝爾要錢。甚至在諾貝爾死後，她

科學小知識

硝化甘油也有優點

在諾貝爾的黃色炸藥工廠工作的人，出現了奇怪的症狀，只要一結束休假開始工作，就會出現頭痛、頭暈目眩等狀況。不過，在工作期間症狀又會緩解，但只要休息過後再次開始工作，就會再次出現症狀。當時的醫生覺得很不可思議，仔細調查後發現，原來是硝化甘油具有擴張血管的作用，員工之所以會頭痛，是因為血管急速擴張，造成血壓忽然下降所致。

後來，硝化甘油也被用來當作狹心症的治療藥物，因為其具有擴張血管、減輕心臟負擔的功能。

還對諾貝爾的家人說：「我要把諾貝爾寫給我的情書出版成書喔！」藉此來威脅對方。

如果諾貝爾的初戀沒有過世，或是他愛上的第二個女子沒有交往對象的話，諾貝爾的人生會有多大的不同呢？得到萬貫家財的諾貝爾，卻一輩子都沒有得到兩情相悅的愛。

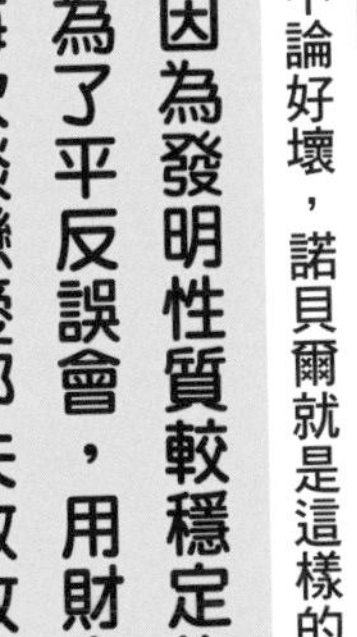

不論好壞，諾貝爾就是這樣的人

- 因為發明性質較穩定的「黃色炸藥」而致富。
- 為了平反誤會，用財產創立了諾貝爾獎。
- 每次談戀愛都失敗收場，終身未婚。

諾貝爾的喃喃自語

我的祕書貝塔不只會說五國語言，還多才多藝。不過她工作才做了一個禮拜，就跟我說她要辭職準備結婚了，嗚嗚嗚。

諾貝爾獎是什麼獎？

諾貝爾獎是依據諾貝爾（↓第130頁）的遺言，自1901年起，由諾貝爾基金會所頒發，給予在「物理、化學、生理學或醫學、文學、和平、經濟學」等六大領域擁有顯著貢獻的人。諾貝爾基金會以諾貝爾留下龐大財產的利息，來支付得獎者獎金（只有經濟學獎的獎金是由瑞典中央銀行所提供）。

得獎的其中一個條件，是得獎者本人必須在世。因此，有些人雖然被看好得獎，卻因為死亡而無法獲得獎項。

諾貝爾物理學獎

主要頒發給在物理學領域中，有重要發現或發明的人。知名的得獎者包括：研究放射線的居禮夫婦（↓第188頁），以及推動量子力學發展的尼爾斯・波耳（↓第98頁）等。曾獲獎的日本人包括預測介子存在的湯川秀樹（↓第108頁）、對量子理論發展帶來影響的朝永振一郎、電晶體研究者江崎玲於奈、觀測微中子（↓第107頁）的小柴昌俊、發明藍光LED的中村修二（目前居住於美國）等人。

諾貝爾獎得獎者獎品①
獎牌

諾貝爾化學獎

主要頒發給在化學領域中，有重要發現或發明的人。知名的得獎者包括：以原子模型聞名的歐尼斯特・拉塞福（↓第101頁）、發現鐳的瑪麗・居禮（↓第188頁）等人。曾獲獎的日本人包括研究化學反應的福井謙一、研發導電塑膠的白川英樹、從水母得到啟發而開發出綠色螢光蛋白的下村修，以及發明現代鋰電池的吉野彰（↓第209頁）等人。

◎編按：台灣的李遠哲於1986年以其發明的「交叉分子束儀器」榮獲諾貝爾化學獎。

諾貝爾獎得獎者獎品②
獎金（9000萬～1億日圓左右）
※為2019年時之資料
※為單一獎項的獎金

諾貝爾生物學或醫學獎

主要頒發給在生物學或醫學領域中，有重要發現或發明的人。知名的得獎者包括因「巴夫洛夫的狗」實驗聞名的伊凡・巴夫洛夫、研究結核病的羅伯・柯霍、分析出DNA分子結構的詹姆斯・華生及弗朗西斯・克里克（↓第210頁）等。曾獲獎的日本人包括開發iPS細胞（誘導性多能幹細胞）的山中伸彌、在癌症免疫療法做出重大貢獻的本庶佑等人。

諾貝爾獎得獎者獎品③
獎狀

他是誰？
美國發明家。世界第一個成功搭乘動力飛行器並完成載人飛行的人。

發明家的祕密

從修理腳踏車到發明飛機 萊特兄弟

〈兄〉威爾伯・萊特
1867～1912年

〈弟〉奧維爾・萊特
1871～1948年

哥哥的個性
冷靜、話少

哥哥的專長
想出創新點子

好感動啊⋯

弟弟的個性
開朗、善於社交

弟弟的專長
操作機械

大爆料

發明飛機的素人

1903年12月17日，是飛機歷史上令人無法忘記的一天。這一天，在美國的基蒂霍克海岸，「萊特飛行器」成功完成了史上第一次的載人動力飛行。飛行距離為259公尺，飛行時間為59秒。這是連最博學的科學家達文西也無法想像的，可說是人類夢想實現的一瞬間。

這個歷史成就的主角，就是萊特兄弟，哥哥名為威爾伯、弟弟名為奧維爾。兩人都沒有讀過大學，也不是科學研究者，而是腳踏車修理業者。這對兄弟從計畫開始後，只花了7年，就成功讓具備引擎的飛行器飛上天空。

不過，他們並非僥倖，而是在研讀過許多飛行相關資料，再經過一次又一次測試才辦到的。

「我們也要飛！」

萊特兄弟出身自一個大家庭，啟發兩人發明的契機，是哥哥在11歲的時候。哥哥在手很巧的母親指導下，畫出設計圖，做出了雪橇。

兩人長大成人後，以天生的巧手做起腳踏車維修生意。當時，有個震撼他們的新聞——「德國飛行家李林塔爾墜地逝世」。一向崇拜著李林塔爾的兄弟兩人，於是下定決心：「我們也要飛！」從此展開了飛往天空的挑戰。

首先，他們閱讀與飛行器相關的書籍，開始製作滑翔機，兩人也自己操縱機器，經過多次飛行實驗。他們在觀察鳥的飛行後，再次改良機翼，並活用腳踏車修

哥哥威爾伯的喃喃自語

記得小時候，爸爸曾經買給我玩具直升機，那可能就是我「想飛上天空」的契機吧！

理的經驗，親手製作引擎。接著，到了命運的那天，萊特飛行器成功起飛！不過，在這個成功之後，迎接兄弟倆的卻是痛苦的每一天。

忙到沒時間改良飛機

萊特兄弟取得了飛行器的專利。專利，是指可以保護自己的技術不被他人模仿的權利，但也因為這個專利，害得萊特兄弟不斷打官司，每天都忙得團團轉。

對當時的人們來說，飛機是夢想中的交通工具，因此有很多人參考萊特兄弟的設計，製作出各式各樣的飛機。每一次萊特兄弟都得提出訴訟，強調：「這個抄襲了我們的飛機！」

此外，史密森尼美國藝術博物館的館長塞繆爾・蘭利，也嘗試開發一樣的飛

科學小知識

重大發明「翹曲機翼」

在萊特飛行器問世之前的飛行器，都是靠操縱者的重心移動來掌握平衡，但是這一點相當困難，很容易就墜落。

萊特兄弟從鳥在飛行中的翅膀形狀得到啟發，想出靠著彎曲翼尖，藉此取得左右平衡的方式，這就稱為「翹曲機翼」。

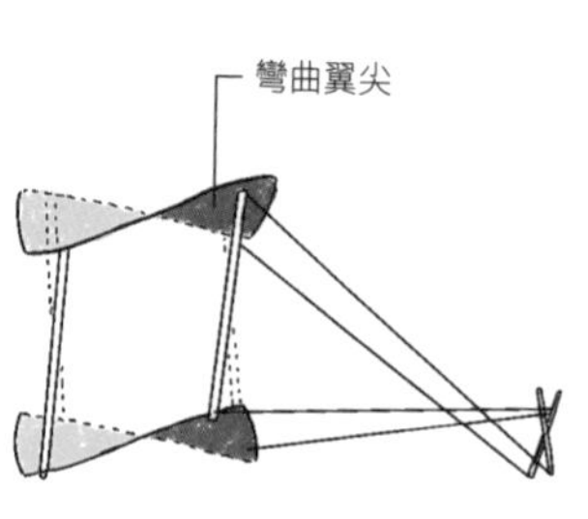

萊特飛行器側面設計圖

機，但卻失敗了。他反而因此怨恨起萊特兄弟，怎麼也不肯承認萊特兄弟的首次成功飛行紀錄。

沒想到，後來萊特兄弟的時間都花在打官司上，沒什麼機會改良飛行器。接著，哥哥威爾伯罹病過世，弟弟奧維爾也因為疲憊不堪，決定抽身，不再開發飛機了。

萊特兄弟的功績受到全世界認同，已經是首次成功飛行後的40年左右，當時弟弟奧維爾也已經超過70歲了。

不論好壞，萊特兄弟就是這樣的人

- 原本是腳踏車修理業者。
- 受到鳥的翅膀形狀啟發，製作出飛行器。
- 之後卻因為飛行器的專利權訴訟而忙得團團轉。

弟弟奧維爾的喃喃自語

蘭利只是想要財富和名聲而已。我和哥哥是真心想做出更好的飛機，沒想到發明飛機之後就忙著打官司，怎麼會變成這樣啊……

發明家的
祕密

他是誰？
江戶時代中期的發明家、醫師、淨瑠璃作家、畫家、俳句詩人，並成功改良了荷蘭醫療儀器「摩擦起電機」。

多才多藝的發明家，甚至寫了一本《放屁論》

平賀源內

1728～1780年

專長 領先時代的創意

個性 好奇心強、執行力高

人氣作品 分析屁的《放屁論》

缺點 無法專心在一件事上

從小就對很多事都感興趣

平賀源內是江戶時代的發明家，也是醫師、作家、畫家……，很難說明他的本業是什麼，可以說是一位「斜槓」先驅。

源內從小就對各種事物都有興趣，也喜歡和別人做不一樣的事。擁有豐富知識及大量點子的源內，只要想到什麼就會立刻行動。對外國文化非常感興趣的他，曾經到貿易相當盛行的長崎，學習歐洲各種先進知識，也到過江戶（譯註：東京的舊稱）學習本草學（中國的藥物學）。

源內希望在學習之餘，也能自由自在的生活，因此，他辭去了在藩（譯註：幕府時期的地方分權單位）內的工作，並且靠著礦山開發、展示摩擦起電機（↓第144頁）等方式賺到了錢。

源內總共自製了超過100種東西，例如計步器、溫度計等。據說，日本在夏季「土用丑之日」（譯註：十二地支記日法計算的日期，約為每年七月中下旬到八月上旬之間）食用鰻魚的習慣，最早就是出自源內的想法；而設計出「破魔矢」（譯註：日本傳統祈福用品，外型類似箭）作為神社護身符的，也是源內。

除此之外，源內也以作家的身分活動，他不只撰寫淨瑠璃（搭配三味線演出各種故事的一種表演）的劇本，也寫書，其中最有趣的，是一本稱為《放屁論》的書籍。書中描述一個可自由自在放屁的藝人的故事，其中將屁分為三個種類：

・「噗！」屬於最高雅的屁，外觀呈現圓形。

・「噗嗚～」不高雅也不粗俗，外觀呈橢

源內的喃喃自語

我的好奇心太強了。這個也想碰、那個也想摻一腳，我無法深入研究一件事物。

源內的喃喃自語

為了讓大家知道摩擦起電機的厲害之處，我設計了一個表演。沒想到大家只覺得很神奇，卻沒有想了解背後的科學意義……嘖嘖。

圓形。

・「嘶——」悶屁，是最粗俗的一種，外觀呈細長扁平狀。

這也意外成為源內的人氣作品之一。然而，源內認識的一個工匠，竟然假借源內改良的「摩擦起電機」已經量產的名義來騙取金錢，害源內被誤會是共犯。

就這樣，不知不覺間，源內已經被眾人貼上「詐欺師」的標籤。

被流言中傷導致心理生病

因為詐欺事件的傳聞，使得大家對源內逐漸改觀，加上他的弟子寫的淨瑠璃劇本比他的更受歡迎，讓他的人氣直直落。源內變得越來越不相信他人，還罹患了心理疾病。

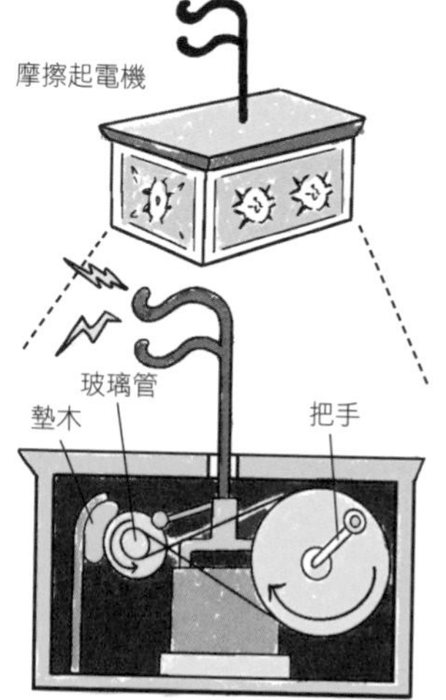

轉動把手後，玻璃管就會轉動，並與木棉及和紙疊成的墊木摩擦，進而產生靜電。

科學小知識

什麼是摩擦起電機？

「摩擦起電機」是荷蘭所發明的靜電產生裝置，只要轉動把手，盒子內的墊木就會和玻璃管互相摩擦，產生靜電。摩擦起電機除了作為表演道具外，還可作為醫療器材使用。源內只靠著自學，就修好並改良壞掉的摩擦起電機。

某一天，源內接到了工作，要前往大名（譯註：日本封建時代對領主的稱呼）的別墅內進行修繕，接到久違的大生意，源內幹勁十足，便和一同施工的競業廠商一同喝酒、討論工作。

不過，當他醉倒後，隔天一早睡醒，卻沒看到重要的文件。源內直覺認為是被對方偷走的，竟然當場砍殺對方。

源內因此被關進牢裡，最後染病，悄悄地畫下人生的句點。對於過去曾備受好

評的斜槓創作家來說，這個結局實在相當可惜。

不論好壞，平賀源內就是這樣的人

- **江戶時代的斜槓創作家，寫了一本《放屁論》。**
- **擁有超過100種發明。**
- **被誤會是詐欺犯而導致心理生病、誤殺了人。**

目擊者的證詞

源內先生這陣子眼神都很不對勁，跟他一起喝酒時也覺得他怪怪的……不知道是不是因為他被誤會是「詐欺犯」的關係？

發明家的
祕密

他是誰？

英國的發明家、機械技師。因為改良了蒸汽機，促進英國工業革命的開端，被稱為「蒸汽機之父」。

將比自己優秀的徒弟逼走的蒸氣發明家

瓦特

1736～1819年

個性
好奇心旺盛、容易嫉妒他人

專長
手很巧

對手
徒弟 特里維西克

不准有人比我還有才華！

給徒弟的恐嚇信

因好奇心差點沒命

18世紀初，有位叫作紐科門的人，他開發出具實用性的蒸汽機，可以作為驅動機器的動力來源。這個機器誕生後，立刻就被推廣至全英國。不過，紐科門的蒸汽機有一些缺點，不僅容易故障，效率也不夠好。後來改良這個蒸汽機，大幅提升其性能的人，就是瓦特。

瓦特小時候是個好奇心很強的孩子，他觀察用茶壺煮水的過程，看著水變成水蒸氣，然後將茶壺蓋子撐起來的樣子，他好奇：「這個水蒸氣的力氣有多大呢？」

於是，瓦特塞住茶壺蓋的孔，並用繩子綁住蓋子，接著開火、將茶壺內的水持續加熱。結果茶壺承受不住水蒸氣的力量，發生了大爆炸。瓦特當時非常有可能一命嗚呼，我們現在能夠享受瓦特的成果，都要多虧他做了這個實驗還幸運地活下來！

熱衷於改良機械，甚至成立了公司

瓦特長大後，在大學內擔任機械工匠，但他卻以不按常理出牌而聞名。只要被他發現機械的性能有哪裡不足，他就會擅自改良，想做出功能更優良的機械。不過也因為這樣，有一部分的人認為，瓦特不過是個自以為是的年輕人。

某一天，瓦特被要求修理紐科門的蒸汽機模型。瓦特注意到這個蒸汽機的缺點，於是打算製作出更好的蒸汽機。

當時的瓦特十分貧窮，後來他好不容易找到願意出資的企業家、成立了公司，

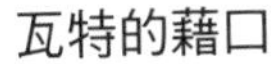
瓦特的藉口

我只想做自己認可的機器。一開始大家覺得我很自以為是，但是很快就發現我的天分了不是嗎？

經過一番努力後，他終於成功做出效率更好的蒸汽機，還取得許多蒸汽機相關專利，公司也順利地成長。

我要當第一名！

瓦特雖然是個功夫很好的技師，但自尊心也很高，他認為自己必定是最優秀的技師。

瓦特底下有不少技術不錯的工匠，其中也有工匠負責研究性能較佳的蒸汽機。不過，瓦特卻很不喜歡這一點，甚至還曾經潛入研究處破壞對方的模型。

1800年，瓦特擁有的專利中，蒸汽機的專利期限到期了，原本是瓦特弟子的技師理查・特里維西克，於是製作了性能較好、外型更輕小、價格也較低的蒸汽機。瓦特因此而大為光火，不僅提起訴

科學小知識

「瓦特」與「馬力」

瓦特計算出「1匹馬的馬力（1馬力）＝「1秒內將75公斤的物品移動1公尺的力量」，並以此方式來表現蒸汽機的性能，直到現在，我們仍然會用「馬力」來表示機械的作用力。而因為瓦特改良了蒸汽機的緣故，之後世人也以「瓦特」作為表現電力的單位。

75公斤

訟，還僱人嚇唬特里維西克，甚至寄了恐嚇信給對方。

特里維西克被瓦特的騷擾行為弄得疲憊不堪，最後被逼到逃亡至國外。

在這之後，除了特里維西克以外，還有許多研究者致力於蒸汽機的改良，也有不小的成果。而這樣的趨勢，已經不是瓦特一個人可以阻擋的了。

不論好壞，瓦特就是這樣的人

- **從小就有旺盛的好奇心。**
- **具備手巧這項工匠天分。**
- **善妒，視青出於藍的徒弟為眼中釘。**

瓦特的弟子・特里維西克的證詞

當我做出比師父更厲害的蒸汽機時，簡直興奮得都要跳起來了！我要跟師父一樣，向世界證明自己的實力！

發明家的祕密
他是誰？
塞爾維亞發明家。因為輸送電力的方式而和愛迪生展開多次對決，他獲勝後，也成功讓交流電得以應用。
在電流戰爭中獲勝的
超能力天才
特斯拉
1856～1943年
專長
能在腦中想像設計圖
特點
有潔癖
外在形象
美男子
宿敵
湯瑪斯．愛迪生（→第154頁）
鴿子就是我最好的朋友

從小就有驚奇超能力

特斯拉從小就是明顯有別於其他孩子的天才，尤其數學的成績更是出類拔萃，他總是很快解出答案，甚至還被老師懷疑是不是作弊。

除此之外，他從小就受不可思議的幻覺所苦惱，每當他在思考什麼時，眼前就會突然出現腦中思考的事物，甚至他還得請身旁的人確認，才能知道眼前的究竟是真的還是幻覺。

不過，這個能力剛好可以運用在數學和發明上。像是算式、符號，甚至是設計圖都會具體浮現在他面前。

與愛迪生的電流戰爭

特斯拉希望未來能走上研究電機工程的路，於是進入奧地利格拉茨科技大學就讀。畢業後，特斯拉迎來了改變他一生命運的相遇，他獲得了發明大王愛迪生（↓第154頁）公司的工作。而他和愛迪生之間的「電流戰爭（↓第159頁）」也就此展開。

當時，愛迪生計劃以「直流電」的方式，將發電廠的電力輸送至各家庭內。相對地，特斯拉則認為「交流電」才能將大量電力送到遠處。但愛迪生早已建置好輸送直流電的發電廠，無法走回頭路了。

於是，特斯拉決定離開愛迪生身邊，並創立「特斯拉電力公司」。特斯拉更陸續作好輸送電力的準備，也成功取得專利，大力提倡交流電的優點。當局面倒向特斯拉時，愛迪生便透過各種方式，不斷向世人警告交流電的危險性。另一方面，特斯拉則透過表演，將電流通過自己的身

特斯拉的喃喃自語

愛迪生說只要我的交流電實驗成功，就會給我獎金。但是等到我真的成功了，他卻說那只是他開玩笑的，嘖。

體來證明安全無虞，以此反擊愛迪生。

電流戰爭的結局，是在1893年時，芝加哥世界博覽會使用了交流電系統提供會場照明，也證明特斯拉大獲全勝。

思考太前衛而不被大眾理解

特斯拉的下個目標，是要創造一個可無線傳送電力與數據到全世界的「全球系統」。只要能夠以無線的方式傳輸電力，任何地方都可以用更低廉的方式使用電力。特斯拉也因此獲得投資家的資助，著手建造巨大的基地台。

此時，一個義大利人卻早特斯拉一步，成功用無線方式傳送出摩斯電碼。設備還比特斯拉的更小、更便宜，也更容易製作。結果投資家紛紛棄特斯拉而去，他理想中的全球系統之夢也破滅了。

失去了投資家的資助後，特斯拉逐漸陷入困境，他轉而發表地震產生裝置、死亡射線等點子，但是大家只當作是無稽之談。這位電流魔術師的計畫實在過於遠大、過於前衛，所以當時的人無法理解。

科學小知識

特斯拉的發明

特斯拉總共有超過200個發明。除了交流電以外，他還發現了螢光燈、微波爐、遙控器、收音機的原理。其中更致力於開發消除重力的「反重力裝置」。

和愛迪生相比，特斯拉雖然度過了寥落的下半輩子，但他確實對改善我們的生活有著極大貢獻。

靠專利獲得的金錢逐漸花光了，特斯拉最後淪落到連飯店錢都付不出來的窘境，當時跟這位電流魔術師最親近的，可能只有公園的白鴿了。

帶著荒誕發明家的形象，特斯拉在旅館房間內孤獨地嚥下最後一口氣。時至今日，利用特斯拉技術發明的電動車及機器人陸續問世。我們的時代，正逐漸追趕上這位電流魔術師所描繪的世界。

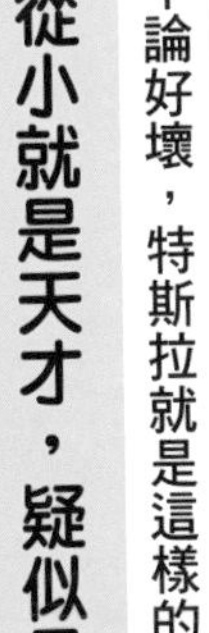

不論好壞，特斯拉就是這樣的人

- 從小就是天才，疑似具有特異功能。
- 與愛迪生對決，大獲全勝。
- 打造無線傳輸電力系統的夢想破滅，孤獨終老。

愛迪生的證詞

特斯拉或許是天才，但是他一點都不適合做生意！就算他的發明再厲害，大家聽不懂就沒有意義了。

發明家的祕密

他是誰？

美國發明家。以發明更實用的白熾燈、留聲機等物品而聞名。他一生共有 1300 多件發明。

第一個發明的東西竟然是「偷懶機器」

愛迪生

1847～1931年

最害怕 學校課業

個性 任何事物都要親自確認才會相信

專長 專注力很強

為什麼1加1一定等於2呢？

「你的腦子有問題！」

說到愛迪生，大家都知道他是大發明家，想必以前應該是頭腦很好的小學生吧？但他當時卻被老師罵說：「你的腦子有問題！」只念了三個月就從國小退學了，因為愛迪生在課堂上會一直追問一些理所當然的事情，例如「為什麼1＋1＝2？」甚至是和課堂完全無關的問題。

從國小退學後，愛迪生仍持續讀書。其中最讓他著迷的，就是可以混合各種東西的化學實驗。尤其他只要想到什麼點子，就一定要嘗試看看。

最有名的是一個和發酵粉有關的實驗。發酵粉是製作麵包時，為了讓麵糰膨脹而加入的材料，愛迪生將發酵粉和水混在一起，讓自己的朋友大量喝下，以為這樣身體就能和麵包一樣膨脹。結果那個朋友卻吃壞了肚子，下場慘烈，愛迪生也因此被媽媽痛罵一頓。

此外，他曾因為想要幫鵝孵蛋而坐到鵝蛋上，卻把蛋坐破了；也為了想測試火為什麼燃燒，而搞到穀倉失火。愛迪生只要腦中一有疑問，就想做各種實驗，結果引發各種意外事件。如果我們是愛迪生的鄰居，應該會非常困擾吧！

最懂天才的人

愛迪生的媽媽是陸軍上尉的女兒，也是當時少數受過教育的女性。她平常就仔細觀察愛迪生，並注意到他與眾不同的好奇心及專注力。她認為愛迪生會問「為什麼1＋1＝2？」一定有其原因。

她不會否定愛迪生的疑問，甚至進一

愛迪生的喃喃自語

就算我開口提問，學校的老師也只會回我：「反正就是這樣啦！」所以我不想聽課，只好一直畫畫。

愛迪生母親的告白

愛迪生從學校退學後，我就當起老師教導那孩子。我兒子真的很有天分！

步想著愛迪生為什麼這麼問，「如果是黏土的話，1個加上1個，黏在一起後還是1個，沒錯。」

母親可說是唯一了解愛迪生的人。即使鄰居斥責愛迪生，或對愛迪生很冷淡，她也總是會站在兒子這邊。

第一個發明是「偷懶機器」

愛迪生從小就展現了他做生意的天分。為了賺取做實驗的資金，他會拿自己在田裡種的蔬菜去賣。愛迪生會事先詢問鎮上的人想要什麼蔬菜，如果田裡沒有，他就便宜買入後高價賣出，運用許多方式做生意。

歷經做生意之後，他也當起車站的電信手。這個工作必須在半夜時，每小時確認一次，若沒有任何事情，只要發送「6」這個訊號即可。雖然很簡單，但幾乎整個晚上都無法睡覺。因此，愛迪生靈機一動，便想到了「訊號自動發送裝置」，他發明出每小時會固定發送「6」訊號的機器。沒想到，大發明家愛迪生第一個發明的作品，竟然是為了在工作上偷懶而製作的。

不過，人絕對不能做壞事。愛迪生後來偷懶被抓到，還被嚴厲斥責了一頓。最值得紀念的首次發明作品，成為了遺憾的小插曲。

賣不出去的發明

愛迪生生涯中有許多發明，更擁有超過一千個專利。所謂申請專利，是將發明的物品送到政府機關，向政府申請認可字號，確立只有發明的人才擁有製作的權利。

愛迪生第一個獲得的專利是「票數自動計算機」。因為等到每個人投票後，才數出贊成和反對的人數實在太浪費時間了。現在，只要所有人一起按下按鈕，就能立刻知道結果。愛迪生不惜借錢也要開發這個產品，結果卻完全賣不出去。

那時的愛迪生才21歲，他並不知道，當時的投票過程，其實是由贊成派和反對派不斷運用策略、慢慢達成的結果。

經過這次的失敗，愛迪生學習到，不管是多厲害的發明，不先了解使用者的想法，就無法讓人買單。

莫名其妙的屍體復活機器

愛迪生的工業實驗研究室很受年輕研究者歡迎，甚至還有人願意不拿薪水也想進去工作。

要在愛迪生底下工作並不容易。愛迪生的口頭禪是：「人死了以後就可以永遠沉睡了，睡覺是浪費時間。」他也不容許員工打瞌睡。

當時他發明了自稱是「屍體復活機

愛迪生員工的爆料

公司根本沒有固定的上班時間，根本是黑心企業！要不是有機會做出新發明，我才不想在這種老闆底下工作呢！

器」的東西，他認為貪睡的人跟死去的人一樣，所以只要有人開始打瞌睡，他就會用該機器發出巨大聲響和煙火來吵醒員工，是個很嚴厲的老闆。

科學小知識

愛迪生如何改良電燈

發明白熾燈的，是一位叫作約瑟夫．斯萬的人，愛迪生則是改良並將之變得更實用的人。

燈泡中使用了「燈絲」這個電流不易通過的材料，電流通過燈絲後，燈泡就會發亮。當時，白熾燈只能發亮約１４小時。

愛迪生不斷嘗試各種燈絲材料，實驗了好幾千次。某一次，他突然看到了實驗室內的扇子。愛迪生使用製作扇子的竹子做為燈絲材料，成功讓燈泡足足發亮２００個小時之久。

白熾燈

任何人都別想搶走我的生意！

愛迪生不只是發明家，也是傑出的企業家。因為不管發明的物品再怎麼好，只要不被大家所運用、無法推廣，就毫無意義了。

愛迪生不僅發明物品，更規劃了從發電所將電力傳送出去的方法，那就是電流方向不變的「直流電」輸送系統。同時期，尼古拉・特斯拉（↓第150頁）則發明了另一種電流方向會定期變化的「交流電」輸送系統。

愛迪生為了讓自己的公司獲勝，提起了將近三百件訴訟。他甚至還舉辦表演，用1000伏特的交流電讓動物觸電死亡，就為了告訴大家「交流電很危險」。他和特斯拉之間的糾纏不休，還被戲稱為「電流戰爭」。

不論好壞，愛迪生就是這樣的人

- 從小愛發問，不會將任何事視為理所當然。
- 很擅長做生意，是發明王也是企業家。
- 為了做生意，也常常和人打官司。

特斯拉的爆料

電流戰爭當然是我獲勝了。愛迪生甚至為了搶生意而造謠「交流電會殺死人」，太卑鄙了。

愛迪生的得意發明

愛迪生（↓第154頁）將許多東西變得更實用，所以被稱為「發明大王」。除了燈泡以外，愛迪生還發明了哪些東西呢？

電影放映機

播放電影的裝置。將捲起來的底片繞在箱子內，再從上方窺看，就能觀賞電影。愛迪生並以此技術來申請專利。

留聲機

可以重現聲音的機器。愛迪生發明的留聲機種類，主要用來重現記錄在蠟筒上的聲音。

小強消滅器

愛迪生在21歲時，為了消滅工作室的蟑螂而發明這個裝置。他將兩片金屬板通電，讓經過金屬板的蟑螂觸電而死。

烤吐司機

烤吐司的機器也是愛迪生的發明之一。在這之前，人們一天只吃兩餐。愛迪生在烤吐司機上市時，也宣傳「一天改吃三餐吧」的觀念，提升了業績。

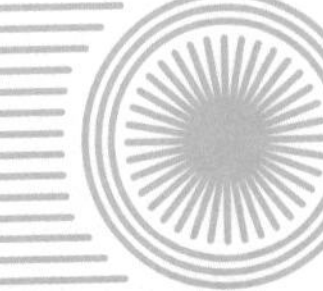

數學家

數學家的
祕密

他是誰？

古希臘數學家，認為所有事物都可透過數學分析了解。
發現直角三角形三邊長的關係，也就是「畢氏定理」。

畢達哥拉斯

不能容忍「奇怪數字」存在的完美主義數學家

約西元前582～約西元前496年

個性 穩重，但會為了理想而做出瘋狂舉動

外型 超過180公分的高個子

最討厭 豆子

信仰 畢達哥拉斯主義。

為了追求真理而成立教派

畢達哥拉斯這位數學家深信，世界上所有現象都能用數學算式來表現。除此之外，他也是「畢達哥拉斯教派」這個秘密團體的教主。

如果想進入這個團體，必須繳納自己的財產，更要有強烈追求真理的態度，並且要獲得畢達哥拉斯的認同才可以。此外，這個團體嚴格禁止將團體內的任何事物洩漏給外人知道。違反規定的人，就會被帶到船上、踢入海中處死。

畢達哥拉斯和弟子們在團體中有許多新發現，例如「畢氏定理」，至今仍廣為流傳。據說他們在發現畢氏定理時，因為太過興奮，還殺了１００頭牛來慶祝。

這個團體也相當重視數字的協調性。因此，當其中一位弟子發現無理數時，便引發了極大的騷動。所謂無理數，最具代表性的就是圓周率，當無理數寫成小數的形式時，小數點後的數字有無限多個，而且不會循環。

「無理數並不是個美麗的數字，不能有這種數字存在！」

據說團體中的人相當生氣，還把發現無理數的弟子處以死刑。

前畢達哥拉斯教派成員的證詞

畢達哥拉斯教派有很多奇怪的規定，例如洗腳要從左腳開始洗、不可以在暗處說話等，莫名其妙！

最討厭豆子

我們今天所瞭解的畢達哥拉斯的豐功偉業，以及他所說的話語，大多是源自弟子的轉述及後人的口耳相傳。

其中，與畢達哥拉斯有關的資訊中，特別有名的是「他很討厭豆子」這一點。其原因眾說紛紜，包括「他覺得豆子形狀和地獄的門很像」、「他認為豆子會造成腸胃負擔」、「當時選舉都用豆子當籤」等，不管原因為何，畢達哥拉斯就是討厭豆子，甚至還禁止教派內的人吃豆子。

畢達哥拉斯生命的終結，是一群怨恨他的人先把他的家燒毀，再追殺他，下場相當悲慘。

據說他在被追殺的過程中，逃到了豆子田附近，他一邊逃、一邊喊著：「與

科學小知識

Do Re Mi Fa Sol La Si Do

最早發明「Do、Re、Mi、Fa、Sol、La、Si」音階的人，就是畢達哥拉斯。某一天，畢達哥拉斯從鐵匠用鐵鎚敲打金屬的聲音中，注意到有較響亮的聲音，以及較不響亮的聲音。並隨著鐵鎚敲打的力道不同，金屬的聲音高低也會有所改變。還有，當敲打力道比例為2比1和3比1等整數比時，節奏會特別好聽。發覺響亮的聲音中潛藏著數字的奧祕，被此深深吸引的畢達哥拉斯，更製

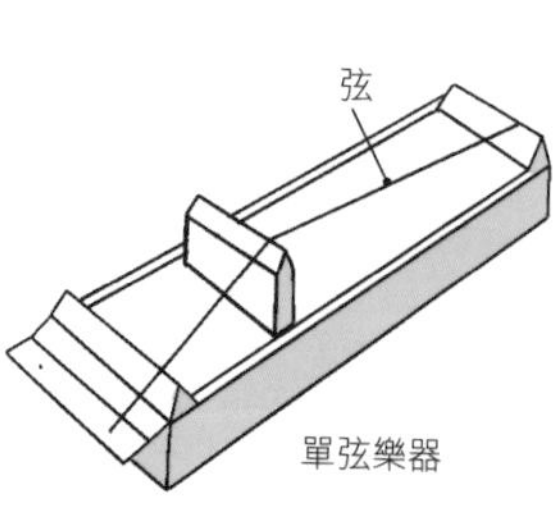

單弦樂器

大爆料

其要我進入豆子田，不如就讓我先死在這裡！」之後便被殺死。

即使在生命的最後一幕，他仍然不想接近豆子，可見畢達哥拉斯有多麼厭惡豆子。

作出了一款「單弦樂器」，可以透過調節弦的長度，讓音調更協調。換句話說，畢達哥拉斯不只是數學家，也對音樂基礎的建構有所貢獻。

不論好壞，畢達哥拉斯就是這樣的人

- **謎樣組織畢達哥拉斯教派的領導者。**
- **渴望從數學中尋得世界的真理。**
- **非常討厭豆子，最愛美麗的數字。**

畢達哥拉斯的藉口

有人說「蠶豆」是不吉利的東西，我會害怕豆子也不是太奇怪的事情吧！

數學家的祕密

他是誰？

瑞士的數學家。雙眼失去視力仍持續研究，在世期間出版了 560 本書籍、論文，在數學領域留下數不清的成就。

1707～1783年

歐拉

失明了也沒在怕、持續埋頭研究的超強數學家

腦中有什麼
滿滿的數學

專長
驚人的計算能力及記憶力

弟子
將歐拉的話寫下來，並撰寫成論文

即使雙眼看不見，也沒有停止研究

數學家歐拉擁有優秀的數學腦，以及不退縮的意志，更留下大量論文，一般人根本難以並駕齊驅。可以這麼說，對歐拉而言，計算就跟呼吸一樣自然。

進入巴塞爾大學就讀後，歐拉在數學家約翰・白努利的課程上，感受到數學的魅力，更啟發出他的天賦。他陸續發表論文，到了俄羅斯後，更在多位數學家身邊持續研究。歐拉也在這時候結婚生子，他一共有13個孩子。

令人意外的是，三十多歲的歐拉，某天右眼竟然突然喪失視力。據說是工作過度勞累導致，一般人遇到這種情形，想必會非常沮喪、甚至失去研究動力吧？不過，歐拉卻因此更加專注在研究中。

1771年，歐拉連左眼視力也喪失了，但那不僅沒有影響歐拉做研究的速度，就連月球運行的軌道計算方式，都是在他雙眼失明後才有的成績。雙眼完全失去視力的他甚至這麼說：「這樣的話就可以更專心在研究上了」。

歐拉享年76歲。「他同時停止了計算與生命。」一同為數學家的友人這麼評論他，可見歐拉一生都奉獻在數學上。

8位數乘法只花2秒鐘就得出答案

歐拉的高超計算能力和對研究的專注，是其他人望塵莫及的。接下來，就向大家介紹他厲害之處和奇怪的地方吧！

歐拉的喃喃自語

我一邊把孩子放在腿上哄著，一邊寫論文。我通常花30分鐘就能寫完一篇論文呢。

歐拉弟子的爆料

歐拉老師到他死的那天都還有做研究呢。據説當時他正在和孫子玩，突然他咬著的菸斗就掉下來了。

・擁有不同於一般人的記憶力和計算能力，2秒就算出8位數字和8位數字相乘的結果。

・一般的數學問題，歐拉通常只需要幾秒鐘就能解開。於是有人問歐拉是不是直接套用方便的公式時，他這樣回答：「只要算出所有組合就夠了。」

・一般數學家要花上好幾個月才能解開的問題，歐拉最多只需要3天。

科學小知識

歐拉的一筆畫

所謂「一筆畫」，是鉛筆不離開紙張，也不和另一條線出現交點而畫出的圖形。歐拉找出了分辨圖形「是否能用一筆畫畫出來」的方法。步驟只有一個，就是：確認從每一個角畫出的線是奇數條線（奇點）還是偶數條線（偶點）。

如果所有的角都是偶點，或者只有

總共2個奇點，因能此用一筆畫畫出來。

・每年平均寫出800頁的論文。據說就連印刷機也追不上他完成論文的速度，還沒印完這一批，下一本論文就又寫好了。

雖然不知道傳聞哪些是真、哪些是假，但至少他是人類史上寫過最多論文的數學之神，這一點幾乎沒有錯。

歐拉寫的論文和書籍實在太多，1911年起，數學界將《歐拉全集》陸續出版，至今已出版70冊，仍未完結。

兩個角是奇點、其他角都是偶點時，就能夠用一筆畫畫出該圖形。

那麼，實際來畫看看吧！左邊這個圖形，可以用一筆畫畫出，順序可以如圖從①畫到⑥，你也可以嘗試換個起點畫，試試看有幾種畫法！

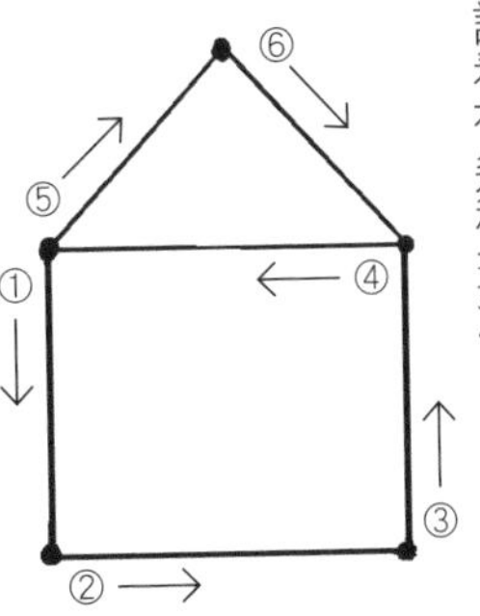

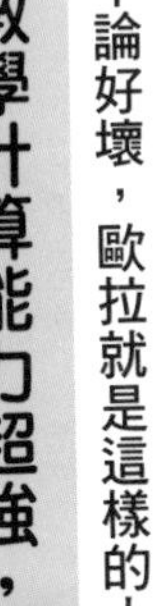

不論好壞，歐拉就是這樣的人

・數學計算能力超強，簡直就像呼吸般簡單。

・即使喪失視力仍專心研究，完全不受影響。

・寫論文高手，生涯共出版560本書和論文。

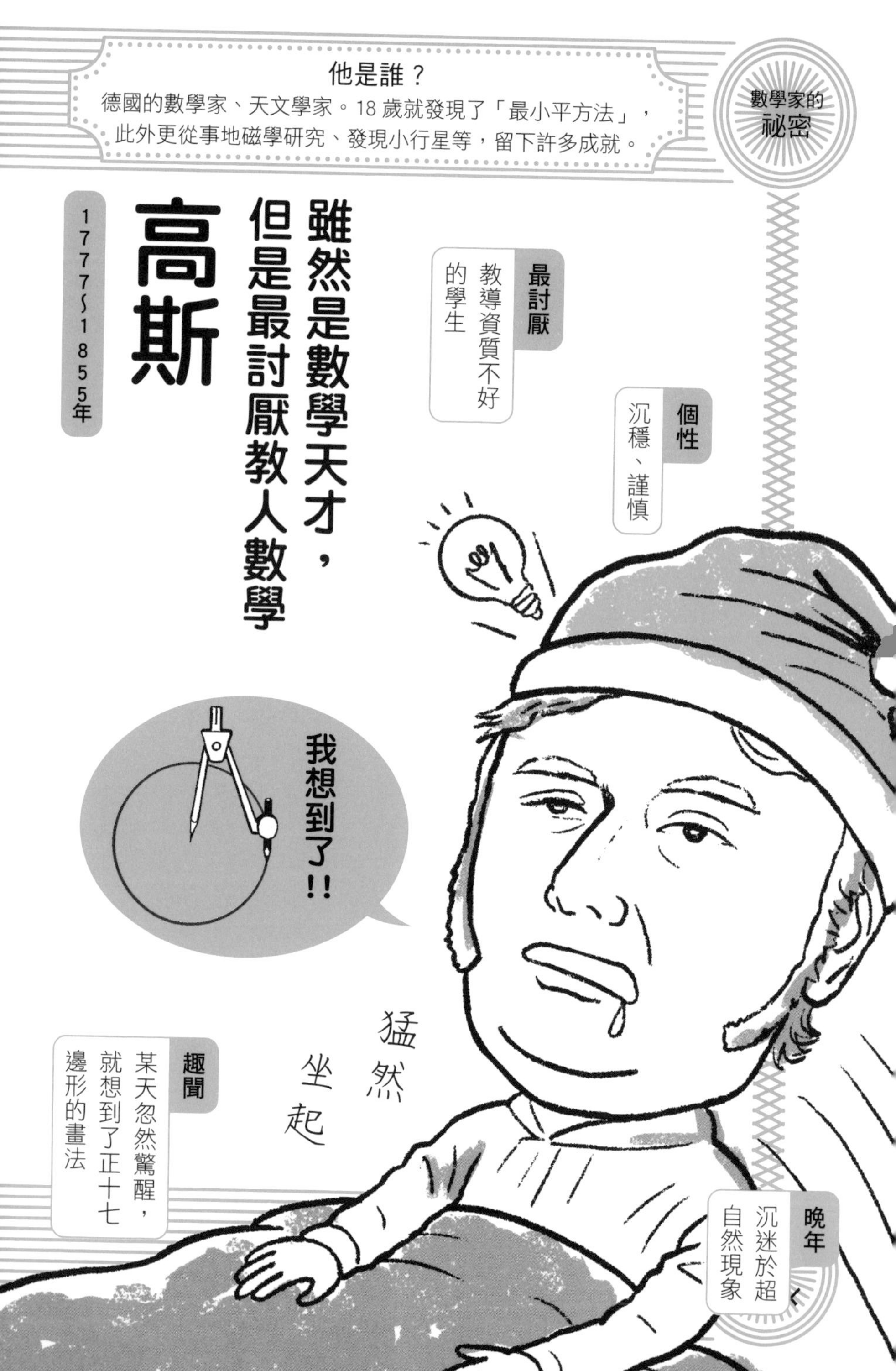
數學家的祕密
他是誰？
德國的數學家、天文學家。18 歲就發現了「最小平方法」，此外更從事地磁學研究、發現小行星等，留下許多成就。
1777～1855年
高斯
雖然是數學天才，但是最討厭教人數學
最討厭
教導資質不好的學生
個性
沉穩、謹慎
我想到了!!
猛然坐起
趣聞
某天忽然驚醒，就想到了正十七邊形的畫法
晚年
沉迷於超自然現象

數學神童出現了！

「從1加到100，所有的數字和是多少？」

短短幾秒就能回答這個問題的，是年僅9歲的高斯。

「我小時候在看懂A、B、C之前，就先學會算術了。」就像他本人說的，高斯從小數學就很好。高斯的父親是個萬能承包商，只要客戶付錢，任何雜事都難不倒他，包含造磚、木工、石料加工，甚至還能幫客戶照料花草；母親雖然不會讀書、寫字，但個性非常開朗、幽默。高斯的父母和數學毫無淵源，他卻在年僅3歲時就是「神童」了。

某一個發薪日，高斯的父親正在計算要付給工人的薪水。這時在附近聽到內容的高斯便發現父親算錯錢了，開口就說：「你剛才算錯了！」

「怎麼可能！」父親半信半疑重新計算後，發現真的和高斯所說的一樣。

高斯從小就常常不列出「怎麼變成這個樣子」的計算過程，便直接說出答案。

國小的數學課中，當老師出了「求1加到100的和」這個高難度問題時，高斯的筆記上並沒有寫出「1+2+3……」等計算過程，而是直

高斯父親的爆料

連英文字母都還不會的小孩子，竟然可以用心算計算出來，真的嚇到我了！

高斯的喃喃自語

有天早上睡醒時，我腦中突然就浮現了畫出「正十七邊形」的方法。想起來還真是不可思議啊。

接寫出了答案：「5050」。據說，這位出題老師發現竟然有學生這麼俐落地寫出答案，還覺得有點不甘心呢。

突然靈光一閃

漸漸地，有位叫高斯的數學神童這個傳聞，也傳到了土地領主的耳裡。因為高斯父親對兒子的升學較不在意，這位領主便代替其父親出資，讓高斯順利進入大學就讀。

而在高斯滿19歲那天的早上，他達成了一個成就，也就是他想出了長達兩千年都無人能解的「正十七邊形的畫法」。

數學王子的完美主義

高斯後來不只博得「數學王子」的稱

科學小知識

統計學上的「常態分布」

「常態分布（高斯分布）」是計算機率或統計學時，很常見的現象。在同樣的條件下，調查某件事物的發生次數，通常具有「中間值的次數最多」的性質。舉例來說，共有30人參加一個考試，其中有人考了90分、也有人考40分，大家的得分有高有低。接著，將這些結果依據某個分數區間（例如每10分為一個區間），繪製成圖表。這麼一來，可看到圖表會呈現如山一樣中央較高、越往兩端越低的情況。這就是常態分布。至於為什麼會形成這個圖形，至今仍沒有正確答案。

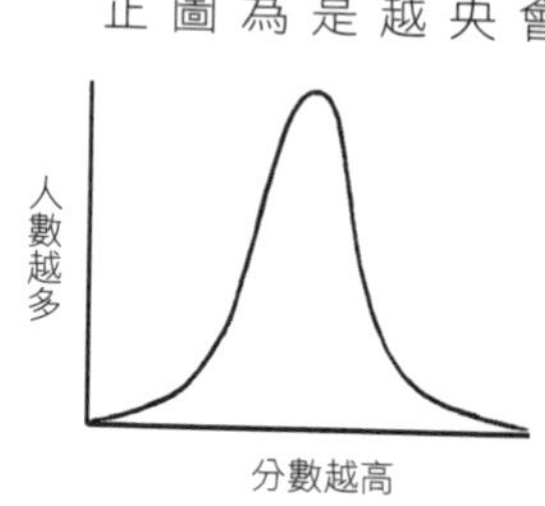

號，還當上了哥廷根天文台的台長和大學教授。沒想到，這卻成為他日後痛苦的根源。因為要負責教導學生，高斯就沒辦法完全專注在自己的研究上，況且，不是每個學生都有很好的資質，這也讓他感到非常焦躁。

此外，高斯也有些完美主義，他認為如果還沒驗證研究結果是完全正確的，就不應該公諸於世。此時，剛好有其他的數學家也與高斯研究相同主題，結果過度謹慎的高斯，不小心就被他人搶先發表了研究結果。

「我比你早開始這個研究。」對於高斯這樣的主張，大家都感到很錯愕，因為「身為數學王子的人，竟然想奪取別人的研究結果。」這麼看來，即使是計算能力一流的高斯，也算不出人生會遭遇這樣的變化吧！

不論好壞，高斯就是這樣的人

- 從小就因為數學很好，被稱為「神童」。
- 不太喜歡教沒有數學天分的學生。
- 個性很謹慎，因此常錯失發表研究的最佳時機。

數學家的祕密

他是誰？

法國的數學家、物理學家。發現了「帕斯卡原理」。
彙整其想法而成的作品《思想錄》相當知名。

帕斯卡

1623～1662年

體弱多病、31歲以後就沒出過門的數學家

個性
謹慎小心

弱點
體弱多病

最害怕
社交

父親
熱衷於教育，很替兒子著想

身體虛弱的天才兒童

帕斯卡是個頭腦很好的小孩，他3歲時就會提出讓大人困擾的問題，11歲時就以「敲打盤子為什麼會發出聲音」為主題寫出了一篇論文。

帕斯卡的父親相當關心對兒子的教育，他認為，如果太早開始教兒子數學，兒子可能會因為太投入於數學的世界而荒廢了其他領域的學習，因此完全不讓兒子接觸數學。話雖如此，帕斯卡12歲時，就已經自己證明出「三角形內角和等於180度」這個定律。

父親看到帕斯卡的表現，覺得無法再讓帕斯卡避開數學了，終於放鬆限制，讓帕斯卡盡情發光發熱。而在帕斯卡16歲那年，就已經發現後來大家所熟知的「帕斯卡定理」。

即使帕斯卡有此成就，仍有他苦惱的問題，那就是他相當虛弱的身體。他長期受嚴重頭痛之苦，而且每兩天就必須吃一次瀉藥。

在身體如此不適的每一天，帕斯卡的一個念頭油然而生。

帕斯卡的父親是負責管理稅金的公務員，每天都有算不完的東西。帕斯卡為了讓父親工作時可以輕鬆一點，便在17歲時開始製作機械計算機。他試做了50台模型後，終於在2年後完成。雖然這台計算機只能進行加減運算，但在當時已經是很劃時代的創舉。

不過，因為埋頭製作計算機，讓帕斯卡已經很虛弱的身體變得更加孱弱不堪。

帕斯卡父親的證詞

我很擔心帕斯卡太過專注於數學，還把家裡所有關於數學的書都藏起來，也盡量不說跟數學有關的話題。

無論如何都要驗證的精神

義大利的物理學家埃萬傑利斯塔・托里切利發現，將外形像長試管的玻璃容器裝滿水銀後倒置，水銀會降到一定高度以下，而玻璃容器的上半部，就會呈現真空狀態。

托里切利認為：「我們事實上是住在具有重量的空氣之海的底部。」也就是說，玻璃容器內的水銀會降到一定的高度以下，是因為水銀的重量和空氣壓下水銀的重力互相抵觸所致（如下圖）。

帕斯卡覺得這個理論缺乏驗證，他進一步想，如果托里切利的理論沒有錯，那麼「相較於地勢較低的地方，我們頭上的空氣量在地勢較高的地方較少，那麼，空

科學小知識

托里切利的真空

首先，將裝滿水銀並加蓋的1公尺玻璃管倒置，在空氣不進入管內的條件下，將玻璃管放到裝滿水銀的水槽內。抽出蓋子後，玻璃管中的水銀就會下降，但會停在距離水槽水面76公分

托里切利的實驗

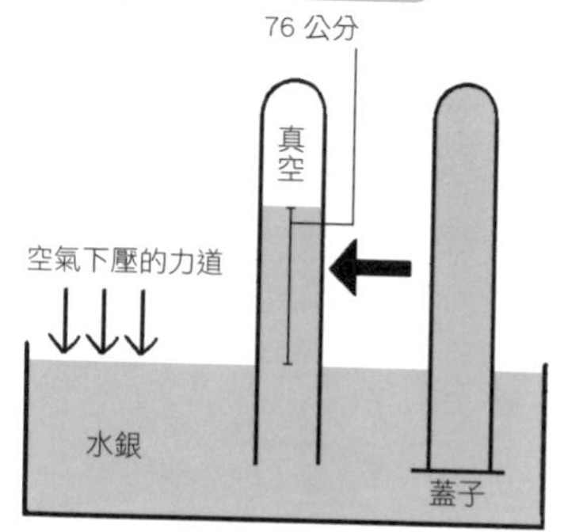

水銀會停在距離水槽的水面 76 公分高處，是因為玻璃管中水銀的重量和空氣下壓的力道相互牴觸的關係。

氣能壓下水銀的重力應該也較少才對。我要到山上驗證這件事！」

不過，帕斯卡因為身體太虛弱，根本無法登山。於是他請他的姐夫替他完成實驗，他的姐夫也欣然接受要求。

實驗結果，就如帕斯卡所推測般，玻璃容器內的水銀柱高度，會隨著山的高度而變化。

處。托里切利認為，管內沒有水銀的部分處於真空狀態。

不過，當時眾人仍相信亞里斯多德（↓第66頁）所提出的「自然厭惡真空」理論，因此人們並不相信真空的存在。

順帶一提，雖說是真空，但並不代表這個空間就不存在任何物質，而是指空氣較少（也就是氣壓較低）的空間。完全沒有任何物質的空間，稱為「絕對真空」，但要製造出這個環境是不可能的。

水銀柱的高度為76公分，則被定義為空氣下壓力道的單位，也就是760mmHg（毫米水銀柱）等於1大氣壓力。之後，為了將單位統一，氣壓單位則改以百帕斯卡（百帕，hPa）計算，這也是源自帕斯卡的名字。

帕斯卡姐夫的證詞

一邊拿著實驗器具一邊爬山，實在累人的！這根玻璃管有一公尺這麼長欸，而且水銀比水還要重，害我拿得戰戰兢兢的。

社交圈貴族們的爆料
帕斯卡除了聊物理和數學之外，好像就無話可說了。每次我們想換個話題聊時，他就會別過頭去、默默離開。

退出空虛的社交圈

帕斯卡的身體狀況一直都不好，他的父親與醫師討論後，認為還是必須讓帕斯卡多結交朋友、轉換心情，於是帶他進入巴黎的社交圈。所謂社交圈，就是貴族間聊天、交流娛樂的圈子。一開始，帕斯卡很開心。不過，原本個性就比較內向的他，漸漸覺得無法融入貴族社會。

「繼續過著這樣的生活，我是不是會變成沒有用的人呢？」

帶著這樣的疑惑，帕斯卡淡出了社交圈。而且在他31歲之後，就過著與他人保持距離的生活。以現在的話來說，就是所謂的繭居族。

之後，帕斯卡仍然足不出戶，持續研究他最喜歡的數學和物理，思考著神和人類的奧秘，並於1662年、年僅39歲即離世。

不只有數學腦，還有體貼的心

帕斯卡是虔誠的基督教徒，他的個性相當溫柔、也很為他人著想。

舉例來說，在當時，馬車屬於有錢人家裡的自用車，帕斯卡為了貧窮的人，想出了「5蘇爾馬車」這種用低廉車資就能在巴黎市區移動的共乘馬車，也可以說是大眾運輸工具的起源。

不僅如此，帕斯卡還收留了一個窮苦的家庭。當這個家庭的小孩得水痘時，帕斯卡身邊的人紛紛建議他趕走這家人，帕斯卡卻選擇自己離開那個家。

帕斯卡在足不出戶時，留下了許多他對神與人類的思考筆記。而這些筆記在他死後被集結成冊，也就是《思想錄》。《思想錄》中的經典名言是「人是一根會思考的蘆葦」，這也代表了帕斯卡的思想。

不論好壞，帕斯卡就是這樣的人

- **從小就是數學天才，卻在39歲就去世。**
- **身體虛弱，只好請親戚代他進行「氣壓實驗」。**
- **生性善良，樂於幫助窮困之人。**

帕斯卡的喃喃自語

從我身體越來越差之後，我就不斷思考著與神有關的事。好像不再在乎玩樂了。

數學家的
祕密

他是誰？
英國的數學家。在第二次世界大戰時，破解了納粹德國的密碼暗號，讓以英國為首的同盟國軍隊獲得勝利。

誕生在錯誤時代的電腦科學先鋒

艾倫·圖靈

1912～1954年

興趣 解填字遊戲

特色 頭髮凌亂

個性 無法好好與人相處

我的內心一直都很孤獨……

臨終 喝下氰酸鉀自殺。當時他身邊放著一顆蘋果，宛如故事《白雪公主》中的一幕。

死因成謎

艾倫・圖靈是個天才數學家，沒有他的話，現在可能就沒有「電腦」這個東西的存在。不過，他的死亡真相，至今仍是個謎團。

艾倫喜歡男性，是一位同性戀者。今日，社會對於與自己不同身分認同的人，逐漸有了更多的尊重與包容，但當時的英國社會並非如此，甚至將同性戀視為「犯罪」。

當時，艾倫因為同性戀傾向而遭到逮捕，更被強制接受賀爾蒙治療，以抑制其性慾。每天的藥物治療，也讓艾倫的內心慢慢生了病。

最終，艾倫在他41歲時，以自殺結束他的人生。他的遺體旁放著一顆咬過的蘋果，房間內放著裝有氰酸鉀的瓶子，不過，無法確定蘋果上是否塗有毒藥。艾倫的臨終之際，宛如《白雪公主》的一幕，也有傳聞說艾倫是遭人暗殺的，但真相至今仍不清楚。

從一片黑暗到閃閃發光的校園生活

艾倫初戀的對象，是他在英國知名公學中認識、大他一歲的克里斯多夫。

艾倫原本就不善與人往來，他總是穿著骯髒的衣服，以奇妙的高音說話，大家覺得他很奇怪，所以他交不到朋友。在這樣不幸的艾倫面前，克里斯多夫就像是天使般降臨。克里斯多夫的教養極佳，說話也相當優雅。艾倫對克里斯多夫的一切都相當憧憬。

因為賀爾蒙治療的副作用，害我頭腦無法好好思考，就連我最愛的填字遊戲都玩不了。

艾倫的初戀 ・ 克里斯多夫的告白

我和艾倫都很喜歡數學，我們常常一起討論數學、一起玩我們最愛的填字遊戲！

艾倫認識了克里斯多夫後，原本黑暗的學校生活，瞬間就變得充滿粉紅色氣息，兩人結識後，不僅互相激勵、一起努力讀書，更相約要考上牛頓（↓第76頁）的母校、也就是知名的三一學院。

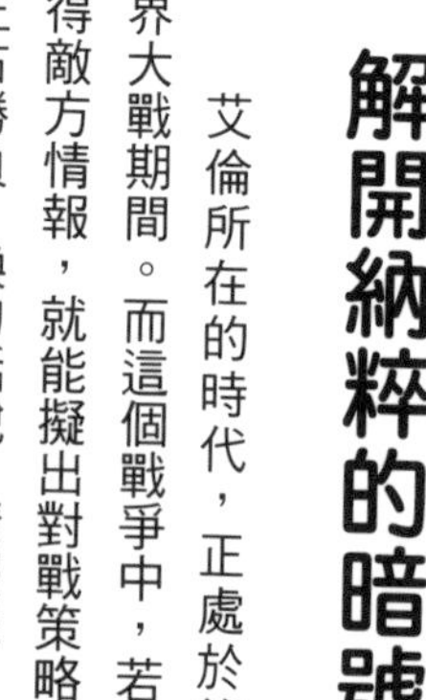

不過，閃閃發光的校園生活並不長久。克里斯多夫順利考上了三一學院，但艾倫卻沒有考上。不過，命運非常殘酷，克里斯多夫竟然在入學前就因為染上結核病而死。

之後，艾倫好不容易跨越了初戀克里斯多夫的死亡陰影，進入倫敦國王學院就讀。該校的校風自由，相當適合艾倫的個性，他也能自由自在地鑽研數學，其中他最熱衷的是解開古希臘數學家丟番圖的方程式。

解開納粹的暗號

艾倫所在的時代，正處於第二次世界大戰期間。而這個戰爭中，若能搶先取得敵方情報，就能擬出對戰策略，甚至能左右勝負。換句話說，情報戰，就是二戰

的關鍵。情報戰中，特別重要的設備則是「密碼機」。尤其當時納粹德國製作的「恩尼格瑪」密碼機，其暗號被認為是完全無法破解的。

為了贏得戰爭，英國政府決定借助科學家的力量。於是，艾倫收到了政府發出的極機密命令，要求他協助破解恩尼格瑪密碼。

每天早上，德軍無線電發出的密碼文字，必須經過解碼步驟置換成其他文字。而這個解碼步驟就像是「密碼的鑰匙」，只要持續測試這個鑰匙，就能解讀密碼。不過，恩尼格瑪的解碼排列組合卻有159,000,000,000,000,000（159億的10億倍）這麼多種。若要測試每一種排列組合，得花上2000萬年的時間才能破解。加上解碼步驟每年會變換，讓包含艾倫在內的科學家們傷透腦筋。

艾倫認為，必須要找到捷徑才行。因此他製作出了靠電力及齒輪轉動的計算機「Bombe（名為「圖靈甜點」）」，不再需要一次次測試密碼的排列組合，而是運用這台高速計算機，快速縮小密碼的可能範圍。

艾倫因為個性我行我素，起初被團隊孤立，便一個人默默鑽研計算機的設計。其他科學家原本覺得艾倫是個「討人厭的傢伙」，不過最後也認同了艾倫的能力，大家團結一心，努力解開暗號。

最終，艾倫等人成功破解了恩尼格瑪的暗號。而同盟國軍隊也因此掌握了希特勒的作戰情報，主動進攻、獲得勝利，德軍因而戰敗。若當時沒有成功解出暗號，戰爭至少要再打上兩年。

艾倫破解了暗號，拯救了1400萬人的性命，簡直是全世界的英雄。

艾倫的喃喃自語

我和瓊結婚了，我告訴她自己是同性戀，她也沒有因此離開我，不過，我對她感到很抱歉。

艾倫科學家同事的證詞

艾倫常常一個人行動，有點奇怪。不過，能破解恩尼格瑪的暗號，毫無疑問都是他的功勞啊！

不過，到了戰後，卻沒有任何人提起艾倫解開恩尼格瑪暗號的功績，因為當時這件事受到保密，即使到了戰後50年，英國政府仍將此事列為機密。

艾倫設計出的計算機「Bombe」，可說是日後電腦的原型。

科學小知識

圖靈測試

圖靈測試是一個實驗，用來判斷艾倫所設計的「機器（人工智慧）」是否能做出接近人類的行為。由一個負責判斷的人，分別詢問人類及機器同一個問題。問問題時，判斷者、回答者、機器，都會各自單獨在一個空間內，所以判斷者並不知道得到的答案是來自於人類還是機器，如果判斷者無法分辨哪一個回答是透過機器，就表示這台機器通過測試，它具有「與人類相近的智慧」。

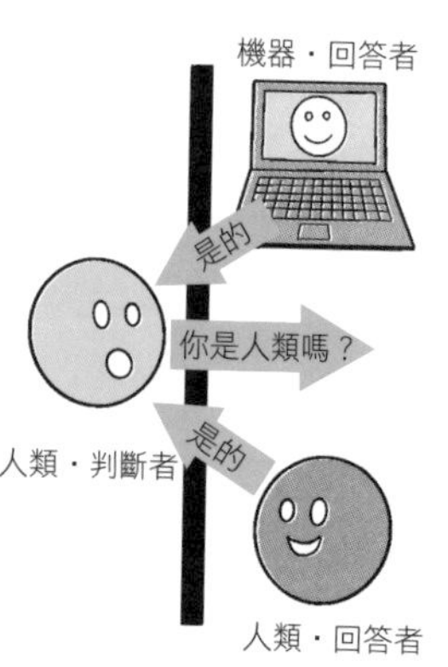

遲來的正義

天才數學家艾倫在戰後因同性戀者的身分被逮捕，內心一直非常痛苦，最終選擇了結自己的生命。艾倫死後，有不少名人展開連署活動，希望能恢復艾倫的名譽，其中也包括大名鼎鼎的理論物理學家史蒂芬・霍金。

最後，英國政府針對當年對艾倫的判決道歉，認同這是一個「不當且具歧視的判決」，艾倫終於獲得無罪宣判。此外，和艾倫一樣因同性戀傾向而被判刑者，也都被改判為無罪。

這個法律在2013年頒布，然而，那已經是艾倫逝世後59年了。

不論好壞，艾倫・圖靈就是這樣的人

- 不擅長與人相處的天才數學家。
- 破解德軍暗號，拯救許多人的性命。
- 因為同性戀身分而不受當時社會認可。

天才科學家的死亡之謎

眾多科學家裡頭，有些人的死因非常奇妙；有些至今仍查不出死因。

謎團1

為了女人而決鬥，最後喪命

埃瓦里斯特・伽羅瓦（1811～1832年）

天才數學家伽羅瓦，主要研究「群論」這個在當時很創新的數學理論，他20歲時，曾為了女人而和人決鬥，結果落敗，隔天他就因決鬥時的傷而死。不過，因為伽羅瓦也參與了反政府運動，也有一說是他被支持政府的人殺害了。

謎團2

為了應證自己的預言而自殺

吉羅拉莫・卡爾達諾（1501～1576年）

「代數學」，是以文字取代數字計算的理論，而卡爾達諾則是首次將虛數（一個數字相乘兩次後會變成負數，則該數字為虛數）想法應用於代數學的數學家。他除了是數學家，也是一位占卜研究者。他透過占卜知道了自己的死期，為了證明他的占卜是正確的，他便在那一天自殺。

謎團3

因為恐懼食物被下毒而死

庫爾特・哥德爾（1906～1978年）

證明數學中不可或缺的思考方式「哥德爾不完備定理」的數學家。哥德爾因為罹患了心理疾病，很擔心被人下毒殺死，所以他只吃自己妻子煮的食物。也因此，當他妻子住院時，他就乾脆不吃飯了，體重還因此瘦到只剩30公斤，最後餓死。

謎團4

消失十天後忽然死亡

魯道夫・迪塞爾（1858～1913年）

發明柴油引擎的工程師。某天，迪塞爾在比利時搭船前往倫敦，但就此行蹤成謎，10天後，竟然在遙遠的挪威海上發現他的遺體。他的死因眾說紛紜，有人猜測是自殺、有人認為他是被對手所殺害等，但至今仍然無法得知真相。

化學家

他是誰？

生於波蘭的法國化學家，發現了鐳、釙等放射性元素，更獲得諾貝爾物理學獎、諾貝爾化學獎。

化學家的祕密

1867～1934年

瑪麗・居禮

和丈夫都是研究狂，結婚禮服就是實驗衣

興趣 做研究

最重視的人 丈夫皮耶

個性 絕不認輸

專長 體力活

為了能繼續研究，我什麼都肯做！

呼—呼—

加油啊！

窮到每天只靠水和吐司過日子

若要描述瑪麗・居禮的人生，就一定擺脫不了「貧窮」這個詞彙。瑪麗從小成績優異，也進入巴黎的大學專攻物理學，可是她老家提供的生活費非常少，她只好過著非常拮据的生活。

她住在公寓的閣樓內，每天只靠水配吐司止餓，加上她付不起暖氣的錢，在寒冷的冬天，為了祛寒，瑪麗只好把她所有的衣服都穿在身上。沒有棉被的她甚至會抱著椅子睡覺。瑪麗也常常不吃飯，只是一股腦地專心唸書，還曾經因為太久沒有進食而昏倒。

大學生最愛的聯誼、約會、跳舞等活動，瑪麗一點興趣也沒有，她最喜歡的就是讀書，對她來說，讀書就是一切，其他事情她都不放在眼裡。也因此，她在大學的成績非常好。

研究狂的一見鍾情

瑪麗大學畢業後，仍持續物理學的研究，並偶然認識了當時被譽為天才物理學家的皮耶・居禮，兩人都被對方所吸引。

瑪麗的喃喃自語

跳舞？約會？我才不是為了這個來巴黎念書的。我在讀書的時候最幸福，不管多窮都沒關係。

瑪麗的丈夫 ・ 皮耶的告白

我們從蜜月旅行回來後，就立刻延續放射性元素的研究。瑪麗即使生了孩子，也完全沒有降低對研究的熱情。

皮耶和瑪麗一樣都是物理狂，皮耶會把自己的結晶性質研究論文當作情書、送給瑪麗。想必一般人都難以理解這種類型的情書吧！但瑪麗收到後，非常地開心。

最後兩人如願結婚，婚禮上選的禮服，竟然是做實驗時穿的黑色袍子。倆人去蜜月旅行，只帶了簡單的換洗衣物和雨具，就邊騎著腳踏車邊出發到法國郊區。蜜月旅行回來後，正式迎接婚後生活的他們，買的第一個東西則是「記帳本」。

即使結了婚，瑪麗同樣一貧如洗，與一般人想像中的華麗新婚生活完全不同。為了研究如何提煉可發出放射線的放射性元素（↑第192頁），夫妻倆一起收集稱為瀝青鈾礦的礦石後，將其壓碎，再放到巨大的鍋子內熬煮、提煉。這些礦石的重量非常驚人，加總後竟然有8噸（8000公斤）重！只要是為了研究，

放射性元素的提煉方式

再怎麼離譜的體力勞動，瑪麗都不嫌累。

其中，瑪麗最期待的，就是夫妻倆進入漆黑的實驗室的時候。因為一旦房間暗下來，放射性元素就會閃閃發光。瑪麗在筆記中，則以「如同妖精般的光芒」來描述她眼中的迷人景象。

瑪麗和丈夫的努力終於有了結果，他和先生成功提煉出放射性元素（鐳、釙）。日後，瑪麗和皮耶也因為這些研究獲得諾貝爾獎。

面對可怕的意外，依然勇敢振作

然而，那一天，讓瑪麗一夕之間從天堂掉到了地獄。那就是她最愛的丈夫皮耶，因被馬車撞到而身亡。

當時瑪麗已經育有兩個女兒，她想：

「為了這兩個孩子的幸福，不努力怎麼行？」

她於是振作起來，到皮耶工作的大學擔任教授。下課後，她便回家一面做家事，一面教導女兒，過著職業婦女忙碌的每一天。其中一位女兒伊雷娜長大後，也繼承了母親衣缽，成為物理學家，協助瑪麗的研究。

全家都將性命貢獻給放射線研究

當時，大家都還不知道照射過多放射線會危及性命。瑪麗也一樣，她每晚都在放射線的照射下專心進行研究。

不只如此，瑪麗還把在暗處會發光的放射性物質放在床頭，作為照明，或者放入口袋帶在身上。放射性物質就這樣逐漸

瑪麗的喃喃自語

皮耶負責分析，我就負責體力活，搬那些礦石雖然很辛苦，但現在回想起來，不過就像一場夢罷了。

侵蝕瑪麗的身體，讓她晚年受到白血病等各種疾病所苦。

不過，她本人完全不認為自己生病是放射線導致的。她將發出美麗光芒的鐳、釙，像自己的孩子般珍惜，一點也不認為這些物質會奪走人命。最後，瑪麗在１９３４年，因放射線的影響而過世。

不只是瑪麗，對於放射線的研究也波及到瑪麗的家人，她的女兒伊雷娜，也因放射線而罹患白血病，其丈夫弗雷德里克也疑似因放射線而得到肝臟疾病，兩人都在50多歲時就離世。

瑪麗的遺物至今還保管在鉛箱內

即使瑪麗已過世將近１００年，當時她所使用的研究器具和資料，仍持續釋放

科學小知識

為什麼放射線很危險？

鐳或釙等放射性元素會釋放出各種粒子和電磁波，也就是放射線。

人體一次接收過於大量的放射線，會造成體內細胞部分基因受損，甚至讓正常細胞變成癌細胞。

放射線雖然很危險，但在我們生活中也有用處，最常見的例子就是X光。

X光是利用放射線透視人體，讓醫療人員可以檢查我們骨骼的狀況。

不過，拍攝X光片接收到的放射線量相當少，不需過度擔心。

出強烈的放射線。因此，所有物品都被收到可以隔絕放射線的鉛箱內保存，想要觀看的人，還必須穿上特別防護服才行。

這是因為，瑪麗發現的放射性元素鐳，其半衰期（放射性元素的輻射強度減少一半所需要的時間）竟長達1600年之久。

看來，瑪麗的遺物還得持續放在鉛箱內很長一段時間。

不論好壞，瑪麗・居禮就是這樣的人

- 貧窮到曾經每天只靠水跟吐司止餓。
- 深愛著丈夫皮耶，倆人都是物理研究狂。
- 為了研究，什麼都願意做的神力女超人。

瑪麗的喃喃自語

雖然獲得諾貝爾獎讓我很開心，但我並不想變得有名。比起我自己，我更希望元素鐳和釙能受到大家關注。

他是誰？
法國化學家，被後人稱為「近代化學之父」。
雖然發現了「質量守恆定律」，卻被送上斷頭台處死。

提出「質量守恆定律」的國家收稅員 拉瓦節

1743～1794年

最害怕 學語言、畫畫、進行實驗準備

興趣 做實驗

重視的人 多才多藝的美女妻子瑪麗・安娜

臨終 遭受斷頭台行刑而死

我真的做了那麼壞的事嗎？

本業是稅金徵收官

拉瓦節雖然是個化學家，但他的本業並不是做研究，而是個從人民徵收稅金、上繳國家的官員，化學只是他的興趣。

當時，稅金徵收官員在向人民徵稅時，會多收幾倍的金額，中間的差額就成為手續費，由官員自己收進口袋，因此往往深受人民的厭惡。

拉瓦節將徵收稅金取得的金錢，用來買實驗必須的器具和藥劑，其中甚至有一台機器的費用相當於現今新台幣３００萬元，非常驚人。

就這樣，投入不少金錢在實驗上的拉瓦節，逐漸成為科學領域中的名人。

拉瓦節的最佳幫手

拉瓦節生活富裕，以興趣為出發點的化學研究也有了成果，但他也有不擅長的地方。

例如他的著作《化學原論》中，刊載了實驗時所使用的裝置圖，但拉瓦節不擅長繪畫，所以圖是由他的妻子瑪麗替他畫的。瑪麗是拉瓦節上司的女兒，比拉瓦節小十四歲，是位相當美麗的女性。她的素描能力堪稱是職業級的，而且她的語言能力更是了得，她還曾經為了不太會說外語的拉瓦節，把以英文撰寫的艱深科學書籍翻譯成法文。

化學家拉瓦節的成功，可以說受到妻子極大的幫助。

拉瓦節的喃喃自語

在我所生存的年代，沒有人有辦法靠科學養活自己。科學只能當興趣看待，當時大家都是這麼認為的。

悲慘的人生結尾

能透過工作致富、實驗也有了成果、還娶到有才華的妻子，而且拉瓦節和妻子都出身自富裕的家庭，從這些角度看來，化學家拉瓦節完全是人生勝利組。但是，

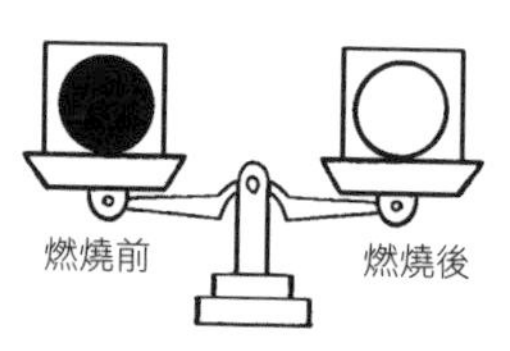

將金屬放入容器內，燃燒前後的重量不變。

金屬未放在容器內，其燃燒後的重量因為和空氣中的氧結合，因此比燃燒前還重。

科學小知識

質量守恆定律

拉瓦節發現，將金屬放入密閉容器內燃燒後，金屬本身會變重，但容器整體的重量卻不變，是因為金屬與空氣中的氧氣互相結合，引發「化學反應」的緣故。而這也就是「質量守恆定律」，指的是在反應前，「反應物的總質量」會等於「反應後生成物的總質量」。

一切只到此為止。

正因為如此令人欣羨的狀態，才讓他沒了性命。

當時的法國，國王和貴族們握有絕對的權力，人民的生活則相當困苦。正當拉瓦節46歲、出版了《化學原論》，逐漸成為知名化學家之際，發生了法國大革命，在深受繁重稅金所苦的人民眼中，拉瓦節這類稅務徵收官，有時還會對人民施加暴力以強取稅金，更讓人深惡痛絕。

因此，革命黨人便將許多貴族及政府官員處刑。

拉瓦節當然也無法倖免，尤其他在化學上的成功，在當時無疑是揮霍百姓稅金的最佳證明。加上還有嫉妒他能力的化學家告密，使得拉瓦節因犯罪名義被捕。他雖然極力想證明自己清白，卻仍徒勞無功，最終遭判死刑。

最後，拉瓦節被推上斷頭台，畫下他人生的句點。

不論好壞，拉瓦節就是這樣的人

- **本業為稅金徵收官，化學只是他的興趣。**
- **多才多藝的妻子是拉瓦節的得力助手。**
- **因為被民眾厭惡、被其他化學家嫉妒而死。**

拉瓦節的妻子・瑪麗的告白

我先生被判死刑後，我拚命想辦法解救他，但，還是失敗了。我好想念他，還是很想再和他一起做化學實驗。

化學家的祕密

他是誰？

英國的化學家、物理學家。他發現鐵接觸鹽酸後，會釋放氫到空氣中，也發現電學中的庫倫定律和歐姆定律。

亨利・卡文迪許

1731～1810年

內向到連跟管家都用紙條溝通的化學家

家庭背景：貴族出身，超有錢

興趣：做實驗

個性：超害羞

最害怕：女人

可惡……被看到了！

嚇！

請給我烤羊肉

子孫為他建造了一間實驗室

1874年，在鼎鼎大名的英國劍橋大學內，「卡文迪許實驗室」落成了，後來則成為劍橋大學的物理系館。

實驗室的第一任主任是馬克士威（↓第82頁），他在擔任主任後，花費了五年的時間，將科學家亨利・卡文迪許未發表的實驗結果集結成書。出資建造研究所的，則是亨利的子孫威廉・卡文迪許。

卡文迪許家族是代代相傳的貴族世家，而亨利生前並不知名，多虧馬克士威替他出版了《亨利・卡文迪許電力學論文集》，他才在過世70年後，成為科學界的名人。

最討厭跟人見面

亨利的人生充滿謎團，因為他極度內向，對交朋友完全沒興趣，所以幾乎沒有人知道他過著什麼樣的生活。

以現有的資料，知道他的生平如下：1731年出生於南法的尼斯地區，進入英國知名學校念書，最後則就讀劍橋大學聖彼得學院。不過，不知道因為什麼原因，他大學只讀了三年就休學了。

亨利的父親是牛頓（↓第76頁）曾擔任過會長的英國皇家學會會員，受到父親的影響，對科學很感興趣的亨利也迷上做實驗，因為家境富裕，亨利會不惜花許多錢買下高級的實驗器材及參考書。在父親去世後，他便開始過著不受任何人干擾的生活，更投入在科學實驗上。

亨利的喃喃自語

可惡，晚餐好想吃羊肉啊，可是我又不想跟管家碰到面，跟人說話最麻煩了，不如寫張紙條放在門口好了！

亨利傭人的證詞

主人常常把右手放在胸前、左手貼在背後，戰戰兢兢地四處走動，每次他一出房門，我就要小心了！

亨利的個性非常內向，基本上，除了不得不外出參加皇家學會的聚會，其餘時間他幾乎是不出門的；為了不要跟別人在同樣的時間到圖書館，他特地蓋了一棟卡文迪許圖書館；如果有事情要找傭人，他會將交代的事情寫在紙上，夾在門外，徹底杜絕遇到任何人的機會。如果有傭人運氣不好，在屋內遇到亨利的話，還有可能會被開除！

因為過於內向的關係，亨利也很受不了讓人盯著他畫素描，因此他也沒有半張像樣的肖像畫。據說，現在我們所看到的，亨利戴著大帽子的肖像畫，是畫家趁著他到皇家學會後不注意時，好不容易才畫下來的。從畫像中看來，他假髮上的帽子過於寬大、又穿著鬆垮垮的大衣，以當時的審美標準來看非常奇特。

領先時代的科學家

亨利生前曾將研究結果發表到皇家學會的《哲學會報》上，其中包含了他發現日後被稱為「氫」的物質。此外，他也成功透過實驗，將氧氣和氫氣結合成水。不過，這只是亨利實驗中的一小部分罷了，當時，他還有許多研究成果尚未發表。

幸運的是，他在實驗筆記中留下了紀

錄。經過約１００年的時間，這20本筆記交到了馬克士威手中。看到筆記內詳細記載的電力實驗，馬克士威一定非常感動。這些內容，比日後發現的電磁學定律如「庫倫定律」、「歐姆定律」等，還早了數十年出現。

「對亨利來說，最重要的就是研究本身。只要結果是好的，他就滿足了。」聽到馬克士威的這句話，彷彿可以看見這位實驗狂的笑容。

科學小知識 什麼是燃素說？

當時的歐洲普遍認為，物體之所以會燃燒，是因為含有「燃素」這個物質的關係。

亨利也相信燃素說，並認為鐵淋上鹽酸之後釋放的氣體就是燃素，並且成功提煉出燃素。其實，那並不是燃素，而是今日我們所知道的「氫氣」。

不論好壞，亨利・卡文迪許就是這樣的人

- 出身自有錢人家，最喜歡的事是做實驗。
- 超級內向，連跟家裡人都用紙條溝通。
- 對名利毫無興趣，留下許多未發表的成果。

馬克士威的證詞

卡文迪許先生真是太厲害了，他真是當時的先鋒！讀到他的筆記時，我的內心非常激動！

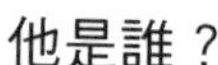

他是誰？

義大利化學家、物理學家。發表了「亞佛加厥定律」，提出「分子」存在的假說。

因為提出的研究論文太難懂，在世時不被理睬

亞佛加厥

1776～1856年

家人 擁有6個孩子

為人 客氣、樸素

死後 坎尼扎羅找到了亞佛加厥的論文，並公開發表

被眾人忽視的物理學家

亞佛加厥於1776年出生在義大利杜林，家中是代代相傳的貴族世家，他的本行則是律師。亞佛加厥相當珍惜自己的太太與6個孩子，是個溫柔的爸爸。

物理雖然只是他工作之餘的興趣，但他卻靠著自學，後來成為皇家學校的數學及物理教師。

他將今日已相當著名的「亞佛加厥定律」發表到法國期刊上，說明所有種類的氣體在相同溫度、壓力、體積的條件下，其含有的分子數量相同。

其實，這篇論文在發表後數十年間都不被重視。主因是論文本身內容就過於艱深。亞佛加厥把不同於「原子（↓第204頁）」的「分子」視為決定物體性質的最小單位。但在當時，大家就連原子是什麼都不知道，對於分子也是一頭霧水，只會認為「分子是什麼？」而已。

此外，亞佛加厥的故鄉杜林是個鄉下地方，許多出身都會區的科學家們也認為「鄉下人的發現根本不算什麼」，十分瞧

亞佛加厥的喃喃自語

我並沒有打算要推銷自己，因此就算被大家忽視，我也無可奈何啊。

不起亞佛加厥。

因此，研究肉眼無法看見的世界的亞佛加厥，自己也沒有機會與懂得欣賞他的伯樂相遇，實在可惜。

死後才終於受到矚目

1820年，亞佛加厥當上杜林大學的「數學與物理學」教授，但他的論文尚未受到認可，就在1856年離世。在亞佛加厥過世4年後，終於有雙手伸向了亞佛加厥那份被遺忘的論文。這雙手來自與亞佛加厥同為義大利人的大學教授，斯坦尼斯勞・坎尼扎羅。

坎尼扎羅發現，只用原子無法說明的現象，若採用亞佛加厥的分子想法，就有辦法說明。因此，他以亞佛加厥的理論為基礎撰寫了論文，更在德國召開的國際

科學小知識

原子與分子

「原子」是僅有百萬分之一公釐的微小粒子。人體、水、桌子等，各種物質都是由原子所構成。分子則是由多個原子聚集而成，其性質會依原子的種類及數量而不同。舉例來說，兩個氫原子與一個氧原子結合，就成為一組水分子。

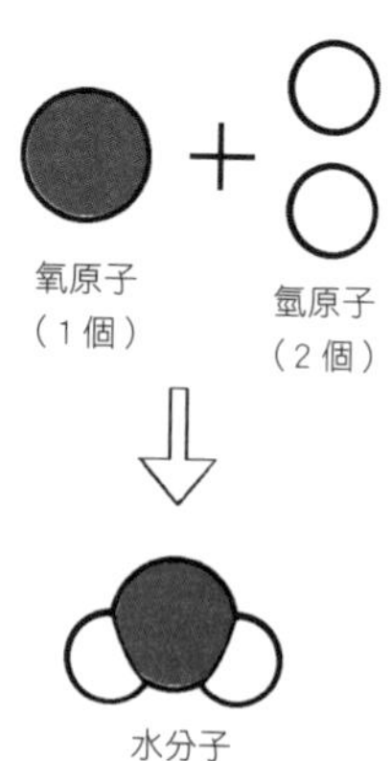

1個氧原子和2個氫原子結合後，就構成1個水分子。

會議上，發給其他科學家們，亞佛加厥的論點終於受到了矚目，大家都紛紛讚嘆：「太厲害了」！

「世界上存在著分子」這個理論完全被世人接受，已經是進入20世紀以後的事了。在那之前，波茲曼（↓第86頁）曾針對原子、分子的存在展開激烈討論，愛因斯坦（↓第90頁）也透過理論提出其存在的證據。

不論好壞，亞佛加厥就是這樣的人

- **來自鄉下的科學家，費心研究數學與物理。**
- **個性客氣，不喜歡張揚。**
- **因為論文的內容太難，在世時並未受到矚目。**

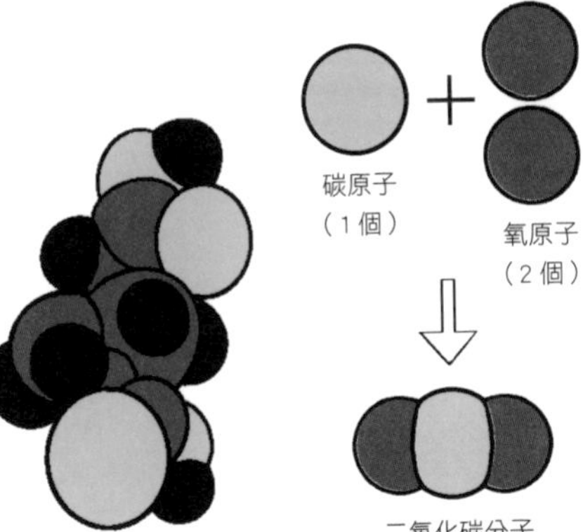

1個碳原子和2個氧原子結合後，就成為空氣中的二氧化碳分子。

麩胺酸屬於一種胺基酸，可進一步構成身體中的蛋白質分子。

亞佛加厥的喃喃自語

坎尼扎羅先生、波茲曼先生、愛因斯坦先生，非常感謝你們。托你們的福，我的研究成果才會出現在學校課本裡面。

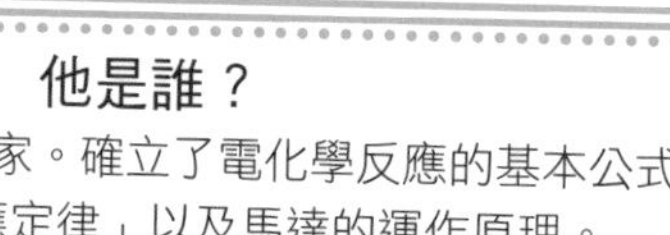

化學家的
祕密

他是誰？
英國化學家、物理學家。確立了電化學反應的基本公式，
發現「電磁感應定律」以及馬達的運作原理。

發現「電磁感應定律」的自學型天才
法拉第

1791～1867年

最害怕 數學

專長 做實驗、將腦中想像畫成實際圖

個性 含蓄、低調

特色 設計了蠟燭科學課程

與科學的幸運相遇

麥可・法拉第出身貧窮。全家人每週只靠1斤麵包生活，非常清苦。法拉第沒有去上學，他13歲時就住到製書店裡，並開始工作。

製書店對法拉第來說，就像是學校一般，因為他被允許閱讀店裡所有的書籍。於是，他閱讀了許多科學書籍，其中令他特別著迷的是當時的一本暢銷書《化學故事》，他甚至買了實驗器材，自己做起裡頭的實驗來。

某一次因緣際會，法拉第聽見了當時知名科學家漢弗里・戴維的演講，戴維相當英俊、風趣，更是皇家研究機構裡的高人氣教授。法拉第把演講內容全部記下來，用他擅長的製書技術做成一本書，並且帶著「成為戴維的弟子」的心願，把書送給戴維，順利成為他的助手。

接著，法拉第住進了皇家研究機構閣樓內的房間，一頭栽進電力與磁力的實驗中。1821年，他成功完成用電流讓磁石旋轉的「電磁轉動」實驗，這個實驗和他十年後所發現的「電磁感應定律」，造就了現今「馬達（→第208頁）」的原型。此外，他也確立了「電解定律」。

法拉第的老師・戴維的證詞

我人生中雖然有許多科學上的發現，但是其中最重要的應該是發現法拉第吧！他真的是個很有天分的傢伙。

馬克士威的證詞

法拉第的年紀都可以當我爸爸了，但他為了請我把他做的電磁實驗列成算式，還特地寫了封語氣非常禮貌的信給我。

不會寫算式的科學家

法拉第有個很大的弱點。他完全沒上過學，只靠著自學學會基本的算術，所以他沒辦法用算式呈現自己的想法。然而，算式就像「科學家的語言」一般重要，可以清楚指明肉眼見不到的定律，但法拉第缺乏這項能力，他只能用流程圖畫出實驗過程，以圖像說明的方式，讓其他科學家理解他的想法。

後來，數學家馬克士威（↓第82頁）才將法拉第的理論列成算式，並用「馬克士威方程式」大幅推動電磁學的發展。

只想當一個普通人

法拉第在42歲時成為皇家研究機構的

科學小知識

馬達中的電磁鐵

將銅線纏繞鐵芯，接著通電後，鐵就會變得像磁鐵一樣，這就是「電磁鐵」。

和一般的磁鐵不同的是，電磁鐵會因為電流方向而改變南北極位置。此外，磁鐵強度也會因為通過的電流強度而改變。

今日，電磁鐵也是使馬達產生旋轉動力的主要零件。

電磁鐵的結構

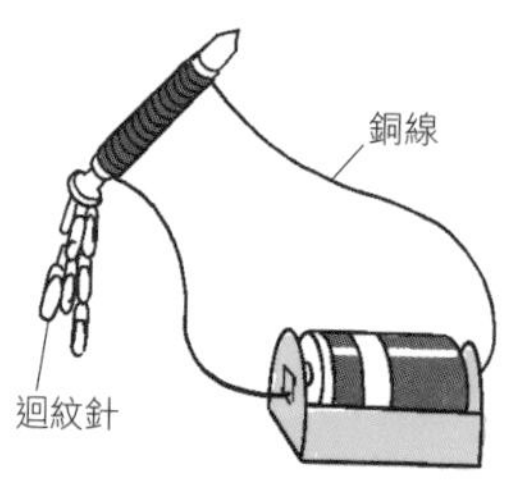

將鐵釘纏上銅線後通電，就可以吸附迴紋針。

教授，更被大力讚賞，被譽為「繼牛頓（↓第76頁）之後出現的偉大科學家」。

不過，他卻選擇繼續住在研究機構的閣樓，而且一住就是46年。他的生活相當儉樸，也拒絕接受皇家學會會長等地位顯赫的工作，就如他所說的「我到最後都只想當一位平凡的麥可・法拉第」，他的精神從未動搖過。

法拉第曾經參與一場活動，那就是由皇家研究機構主辦的，一場在聖誕節的科學演講。他全程用單手拿著一根蠟燭，當場以蠟燭延伸出多種科學實驗，過程宛如一場魔術表演，無論大人小孩都看得津津有味，不少人全程站著聽完。

這個故事更在日後集結成一本知名著作《法拉第的蠟燭科學》（繁體中文版由臺灣商務於２０１２年出版），這本著作也是獲得諾貝爾化學獎的吉野彰先生曾提到的，是啟蒙他科學興趣的重要書籍。

不論好壞，法拉第就是這樣的人

- **被譽為繼牛頓之後的偉大科學家。**
- **沒上過學，所以無法用數學算式表達研究成果。**
- **相當謙虛，只想過著平凡的生活。**

皇家學會曾三度拜託我擔任會長，但我每一次都拒絕了。我的人生並不需要地位和名譽。

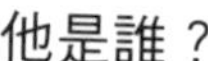

他是誰？

英國的物理化學家，X射線晶體學者。
對於分析煤和 DNA 的化學構造有顯著貢獻。

化學家的祕密

解開DNA結構之謎的神秘科學家 羅莎琳

1920～1958年

最討厭：他人批評自己的研究

專長：使用X射線分析東西

個性：冷淡、慢熟

誰都不准插手我的研究！

照片編號51

弗朗西斯．克里克

詹姆斯．華生

莫里斯．威爾金斯

被描述成壞女人

大家知道《雙螺旋：發現DNA結構的故事》這本書嗎？這本書描繪1962年，獲得諾貝爾生理學及醫學獎的科學家詹姆斯·華生，其發現遺傳物質「DNA」構造為雙股螺旋的過程，相當知名。

除了華生以外，另外兩位共同研究者弗朗西斯·克里克、英國分子生物學家莫里斯·威爾金斯也在同一年獲得諾貝爾獎。

在該書中，被描述為壞女人的，就是羅莎琳·富蘭克林。她是X射線晶體學的專家，也是和威爾金斯一同用射線進行DNA晶體分析的人。

確立DNA為雙股螺旋結構的，是羅莎琳所拍攝的X光繞射照片（編號第51號）。照理說，書中應該會描述「羅莎琳對DNA的構造分析有著顯著貢獻」才對，但是在這本書中，她卻被稱為「黑暗女士」。

和同事威爾金斯的感情不睦

羅莎琳從小就是個天資聰穎的孩子，她大學專攻物理學，而且特別喜歡晶體學。她做研究的態度很單純，只是忠實地記錄觀察到的事實。

後來，羅莎琳進入倫敦國王學院（倫敦大學）工作，被分配的研究主題正好是DNA晶體分析。羅莎琳以為這是只有她一人的研究計畫，沒想到在她就職以前，已有一位研究者早就從事DNA的研究，

羅莎琳的前輩 · 威爾金斯的爆料

羅莎琳是能直視對方眼睛、清楚說出自己意見的人，但我不太喜歡看著別人眼睛說話，每次只要和羅莎琳爭論，我就會沉默下來。

羅莎琳的喃喃自語

威爾金斯竟然說要和我一起研究？我才不要讓沒有能力的人毀掉我的研究。

那就是莫里斯・威爾金斯。他把羅莎琳視為自己的下屬，或許這就是不幸的開端。

威爾金斯看到有一位能力很好的下屬進來，感到很開心，便請羅莎琳多方協助自己的計畫，希望繼續研究DNA。但是羅莎琳並不願意，她只想自己進行研究，並把威爾金斯視為眼中釘。原本羅莎琳的個性就不好相處，因此兩人常常出現衝突。最後，羅莎琳甚至對威爾金斯說：「請你不要干涉我的研究範圍。」

研究成果被竊取了？

而在劍橋大學的卡文迪許實驗室內，華生和克里克正計畫要製作DNA構造模型。倫敦國王學院和卡文迪許實驗室雖然互為DNA研究的競爭對手，但威爾金斯和卡文迪許實驗室的兩位研究者私交不錯，平常就提過他和羅莎琳不合的事。

在談話中，威爾金斯也順便將羅莎琳所拍攝的DNAX光繞射照片給他們兩人看，當然這並未讓羅莎琳知道。華生看了照片後直覺認為：「DNA的構造確實是雙股螺旋狀！」並在1953年提出DNA雙股螺旋模型。

而羅莎琳因為不滿在國王學院的研究環境，在DNA研究進行到一半時，便轉到伯貝克學院。

令人意外的是，羅莎琳在這之後便得了卵巢癌，年僅37歲時就離世。

那麼，為什麼《雙螺旋：發現DNA結構的故事》書中要將羅莎琳描繪成一個壞女人呢？或許是華生心虛了，因為他使用了羅莎琳的研究資料，才能做出DNA雙股螺旋模型。透過把羅莎琳描寫成壞人，大概能減少他的罪惡感吧！

科學小知識

DNA的雙股螺旋構造

兩條DNA鏈相互結合，呈現平行順時針旋轉的螺旋狀。這說明了遺傳訊息複製的機制。

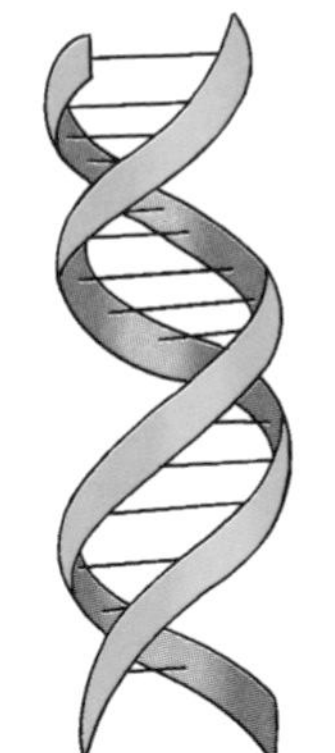

不論好壞，羅莎琳就是這樣的人

- **不容易對人敞開心胸。**
- **一天到晚和同事威爾金斯起衝突。**
- **自己的研究成果被別人竊取了。**

華生的證詞

羅莎琳不願意給別人看她的研究數據。我在《雙螺旋：發現 DNA 結構的故事》中寫她是個不願意跟人合作的人，這沒錯吧？

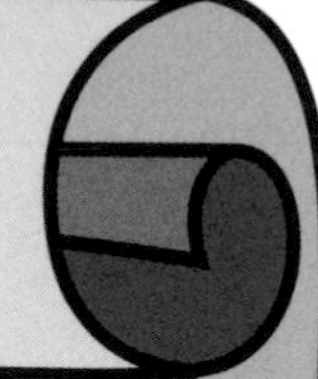

年表

一起來看看他們的厲害發現吧！

發明

1776 年
修復「摩擦起電機」
（平賀源內→第 142 頁）

1781 年
取得雙動式蒸汽機的專利
（瓦特→第 146 頁）

數學

西元前 540 年左右
發現「畢氏定理」
（畢達哥拉斯→第 162 頁）

1640 年
發現「帕斯卡定理」
（帕斯卡→第 174 頁）

1653 年
發現「帕斯卡原理」
（帕斯卡→第 174 頁）

1666 年
發現「微分積分法」
（牛頓→第 76 頁）

1753 年、1772 年
計算月球的運行
（歐拉→第 166 頁）

1795 年
發現「最小平方法」
（高斯→第 170 頁）

1796 年
證明正 17 邊形的畫法
（高斯→第 170 頁）

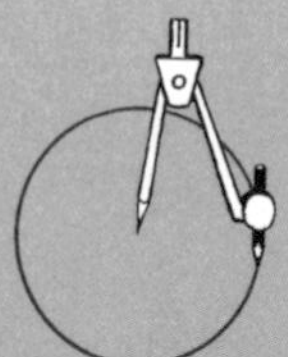

化學

1774 年
發現「質量守恆定律」
（拉瓦節→第 194 頁）

1776 年
發現之後的「氫」
（卡文迪許→第 198 頁）

1789 年
《化學原論》發行
（拉瓦節→第 194 頁）

1811 年
發現「亞佛加厥定律」
（亞佛加厥→第 202 頁）

1831 年
發現「電磁感應定律」
（法拉第→第 206 頁）

1833 年
發現「電解定律」
（法拉第→第 206 頁）

西元前

16世紀

17世紀

18世紀

19世紀

天才科學家的偉大發現

生物學、醫學

西元前

西元前 300 年代
提倡「自然階段」
（亞里斯多德→第 66 頁）

西元前 300 年代
提倡「自然發生說」
（亞里斯多德→第 66 頁）

16世紀

17世紀

1674 年
發現「微生物」
（雷文霍克→第 32 頁）

18世紀

19世紀

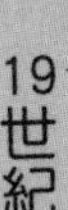

1847 年
發現可靠「洗手」減少產褥熱的發生次數
（塞麥爾維斯→第 60 頁）

1859 年
《物種起源》出版
（達爾文→第 8 頁）

物理學

西元前 200 年
發現「槓桿原理」
（阿基米德→第 72 頁）

西元前 200 年
發現「阿基米德浮體原理」
（阿基米德→第 72 頁）

1665 年
發現「萬有引力」
（牛頓→第 76 頁）

1687 年
《自然哲學的數學原理》發行
（牛頓→第 76 頁）

天文學

西元前 300 年
提倡「天動說」
（亞里斯多德→第 66 頁）

1596 年
《宇宙的神秘》發行
（克卜勒→第 120 頁）

1609 年
發表「克卜勒第一、第二定律」
（克卜勒→第 120 頁）

1610 年
表明支持「地動說」
（伽利略→第 114 頁）

1619 年
發表「克卜勒第三定律」
（克卜勒→第 120 頁）

1632 年
《關於托勒密和哥白尼兩大世界體系的對話》發行
（伽利略→第 114 頁）

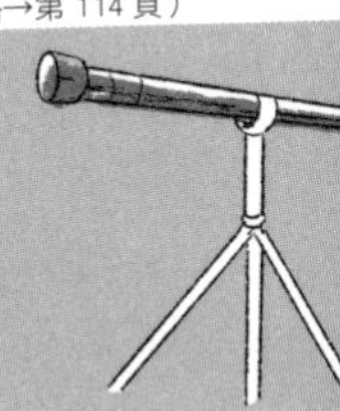

1856 年
發表「土星環的構造及穩定性
（馬克士威→第 82 頁）

發明

1867 年
發明「黃色炸藥」
（諾貝爾→第 130 頁）

1877 年
發明「留聲機」
（愛迪生→第 154 頁）

1879 年
將「白熾燈」實用化
（愛迪生→第 154 頁）

1893 年
芝加哥世界博覽會採用「交流電」提供照明
（特斯拉→第 150 頁）

1901 年
第一屆諾貝爾獎頒獎典禮
（諾貝爾→第 130 頁）

1903 年
完成世界第一次「載人動力飛行」
（萊特兄弟→第 138 頁）

數學

1939 年
開發「圖靈甜點」
（艾倫 · 圖靈→第 180 頁）

化學

19世紀

1861 年
《法拉第的蠟燭科學》出版
（法拉第→第 206 頁）

1898 年
發現「鐳」、「釙」
（瑪麗 · 居禮→第 188 頁）

20世紀

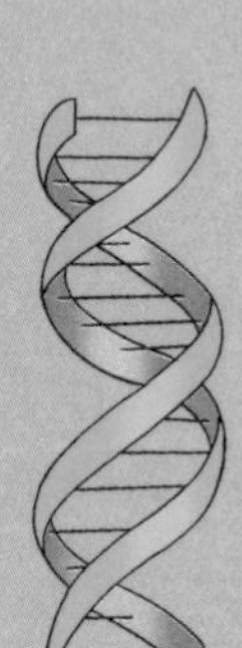

1953 年
發現「雙股螺旋構造」
（羅莎琳→第 210 頁）

19世紀

生物學、醫學

1861 年
否定「自然發生說」
（巴斯德→第 36 頁）

1862 年
發現「低溫殺菌法」
（巴斯德→第 36 頁）

1865 年
發現「孟德爾定律」
（孟德爾→第 14 頁）

1879 年
《昆蟲記》出版
（法布爾→第 18 頁）

1885 年
開發「狂犬病疫苗」
（巴斯德→第 36 頁）

1888 年
《日本植物志圖篇》出版
（牧野富太郎→第 22 頁）

1889 年
成功「純種培養破傷風菌」
（北里柴三郎→第 42 頁）

1890 年
發現「血清療法」
（北里柴三郎→第 42 頁）

20世紀

1913 年
確立「梅毒病原菌」
（野口英世→第 46 頁）

1918 年
終結了厄瓜多的鉤端螺旋體病流行
（野口英世→第 46 頁）

1940 年
《牧野日本植物圖鑑》發行
（牧野富太郎→第 22 頁）

物理學

1864 年
發表「馬克士威方程式」
（馬克士威→第 82 頁；法拉第→第 206 頁）

1872 年
發現「熱力學第二定律（熵增加原理）」
（波茲曼→第 86 頁）

1879 年
《亨利・卡文迪許電力學論文集》出版
（馬克士威→第 82 頁；卡文迪許→第 198 頁）

1905 年
發表「狹義相對論」
（愛因斯坦→第 90 頁）

1905 年
發表「光量子假說」
（愛因斯坦→第 90 頁）

1913 年
發表「波耳的原子模型」
（波耳→第 98 頁）

1916 年
發表「廣義相對論」
（愛因斯坦→第 90 頁）

1925 年
發表「包立不相容原理」
（包立→第 104 頁）

1930 年
預測新的基本粒子（日後的微中子）存在
（包立→第 104 頁）

1935 年
預測「介子」的存在
（湯川秀樹→第 108 頁）

天文學

1924 年
發表「銀河系以外還有其他星系存在」
（哈伯→第 124 頁）

1929 年
發表「哈伯定律」
（哈伯→第 124 頁）

索引

・依注音符號順序列出本書所有人名及重要詞彙。
・書中左右兩頁皆出現相同人名、詞彙時，會以右頁的頁碼為優先。
・粗體字為重要科學家及其頁碼。

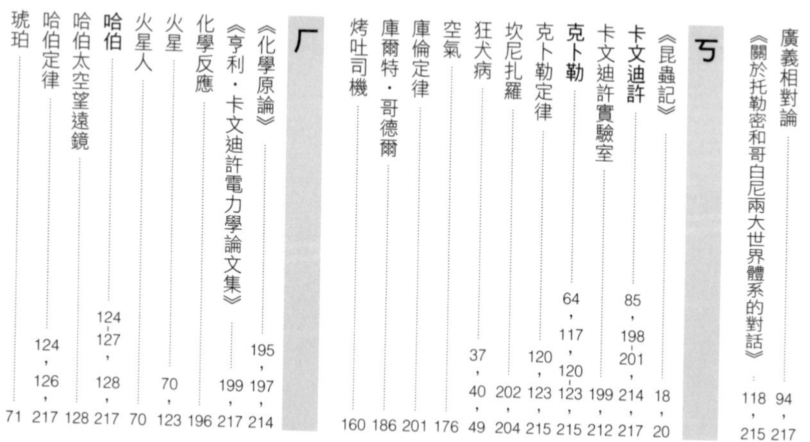

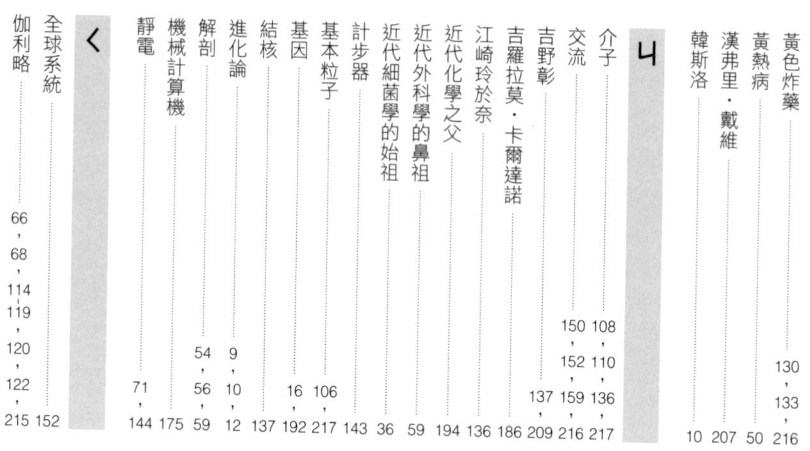

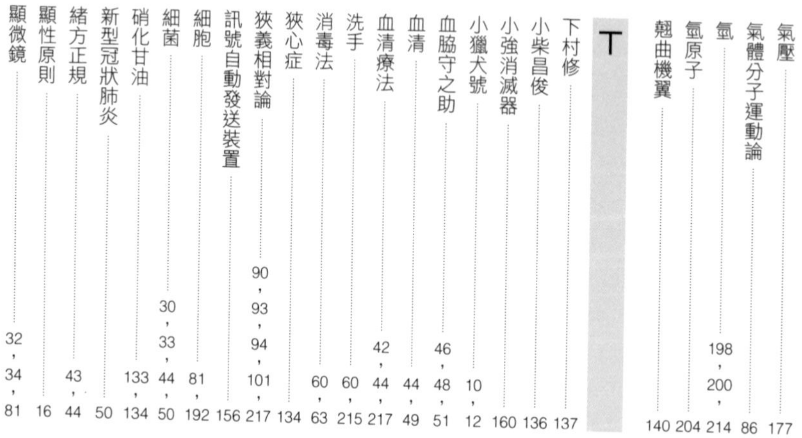

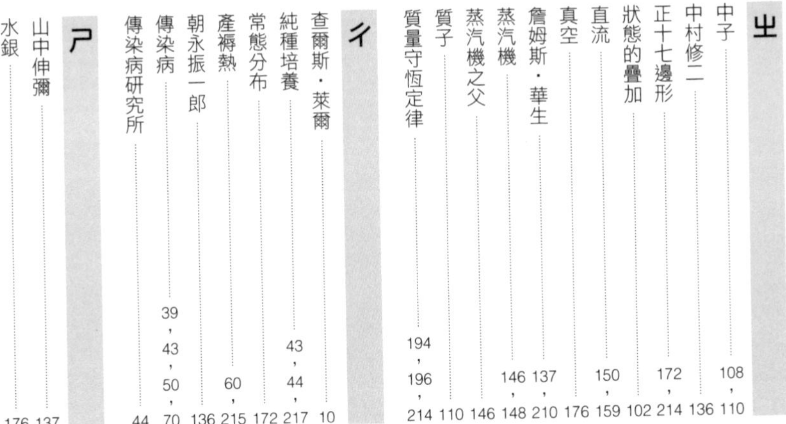

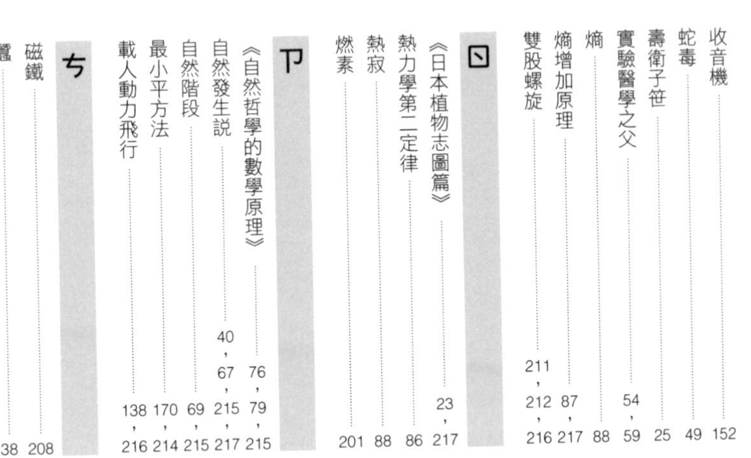

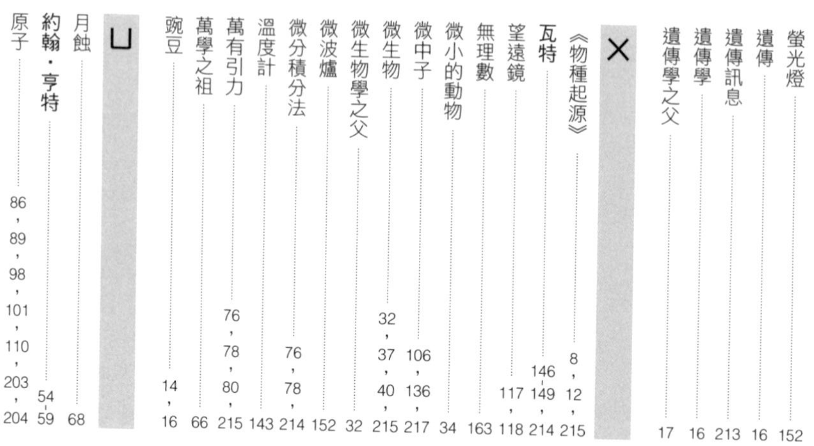

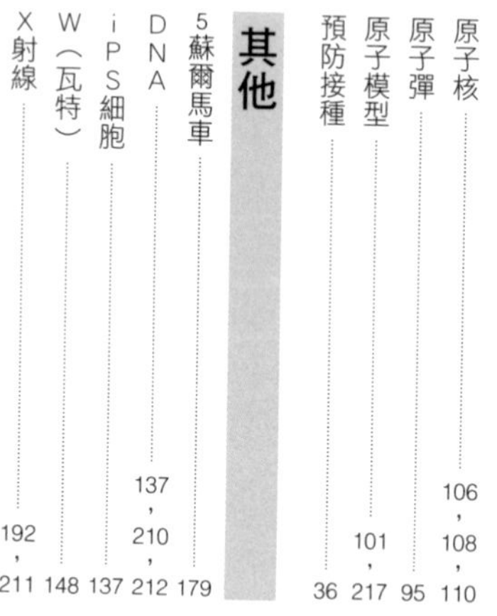

参考文献

《アイザック・ニュートン》ＢＬ出版
《アインシュタイン――大人の科学伝記》SB Creative
《アリスとテレスアルキメデス 科学の誕生》Holp出版
《137物理学者パウリの錬金術・数秘術・ユング心理学をめぐる生涯》草思社
《異貌の科学者》丸善
《偉大なる失敗 天才科学者たちはどう間違えたか》早川書房
《オイラー その生涯と業績》Springer-Verlag東京
《大人が読みたいエジソンの話 発明王にはネタ本があった!?》日刊工業新聞社
《面白すぎる天才科学者たち 世界を変えた偉人たちの生き様》講談社
《科学史人物事典 150のエピソードが語る天才たち》中央公論新社
《神が愛した天才数学者たち》角川學藝出版
《ガリレオの求職活動 ニュートンの家計簿 科学者たちの仕事と生活》中央公論新社
《ガリレオ はじめて「宇宙」を見た男》創元社
《ガロア 天才数学者の生涯》中央公論新社
《奇人・変人・大天才 紀元前から19世紀》偕成社
《奇人・変人・大天才 19世紀・20世紀》偕成社
《北里柴三郎》慶應義塾大學出版會
《教科書にでる人物学習事典》學研ＰＬＵＳ
《決定版 心をそだてる科学のおはなし人物伝101》講談社
《現代物理学の父ニールス・ボーア 開かれた研究所から開かれた世界へ》中央公論新社
《心にしみる天才の逸話20 天才科学者の人柄、生活、発想のエピソード》講談社
《肖像画の中の科学者》文藝春秋
《知られざる天才ニコラ・テスラ》平凡社
《人物でよみとく物理》朝日新聞出版
《生物学を開拓した人たちの自然観》Newton Press
《生命科学者たちのむこうみずな日常と華麗なる研究》河出書房新社
《世界の科学者まるわかり図鑑》學研ＰＬＵＳ
《総合百科事典ポプラディア 新訂版1》ＰＯＰＬＡＲ社
《総合百科事典ポプラディア 新訂版2》ＰＯＰＬＡＲ社
《総合百科事典ポプラディア 新訂版3》ＰＯＰＬＡＲ社
《総合百科事典ポプラディア 新訂版4》ＰＯＰＬＡＲ社
《総合百科事典ポプラディア 新訂版8》ＰＯＰＬＡＲ社
《ダークレディと呼ばれて 二重らせんの発見とロザリンド・フランクリンの真実》化學同仁
《旅人 ある物理学者の回想》ＫＡＤＯＫＡＷＡ
《電気にかけた生涯 ギルバートからマクスウェルまで》筑摩書房
《天才の栄光と挫折―数学者列伝》新潮社
《てんじろう先生の科学は爆発だ おもしろ科学者大図鑑》幻冬舎
《謎の哲学者ピュタゴラス》講談社
《Newtonライト 数学のせかい 数学者編》Newton Press
《博物学の巨人アンリ・ファーブル》集英社
《パスカル》清水書院
《微生物の狩人 上》岩波書店
《ファーブルの生涯》筑摩書房
《物理学天才列伝 上 ガリレオ、ニュートンからアインシュタインまで》講談社
《物理学天才列伝 下 プランク、ボーアからキュリー、ホーキングまで》講談社
《ボルツマン 人間・物理学者・哲学者》美篶書房
《牧野富太郎自叙伝》講談社
《牧野富太郎 植物博士の人生図鑑》平凡社
《マリー・キュリー 新しい自然の力の発見》大月書店
《まんが医学の歴史》醫學書院
《まんが偉人たちの科学講義 天才科学者も人の子》技術評論社
《まんが写真教科書にでてくる最重要人物185人》學研ＰＬＵＳ
《南方熊楠 森羅万象に挑んだ巨人》平凡社
《ヨハネス・ケプラー 天文学の新たなる地平へ》大月書店
《ライト兄弟 大空への夢を実現した兄弟の物語》三樹書房
《ルイ・パスツール 無限に小さい生命の秘境へ》大月書店
《ワットとスティーヴンソン 産業革命の技術者》山川出版社

台灣廣廈國際出版集團
Taiwan Mansion International Group

國家圖書館出版品預行編目（CIP）資料

天才科學家的祕密大爆料：親子共讀、邊笑邊學！40篇史上最不正經的科普故事，啟發孩子科學興趣！培養超越自我的勇氣！ / 藤嶋昭監修；林倩伃譯. -- 初版. -- 新北市：美藝學苑出版社, 2022.03
面； 公分
ISBN 978-986-6220-47-0
1.CST: 科學家 2.CST: 世界傳記 3.CST: 通俗作品

309.9 111000435

天才科學家的祕密大爆料

親子共讀×邊笑邊學！40篇史上最不正經的科普故事，啟發孩子科學興趣！培養超越自我的勇氣！

監　　修／藤嶋昭
翻　　譯／林倩伃

編輯中心編輯長／張秀環・**編輯**／彭文慧
封面設計／曾詩涵・**內頁排版**／菩薩蠻數位文化有限公司
製版・印刷・裝訂／東豪印刷有限公司

行企研發中心總監／陳冠蒨
媒體公關組／陳柔彣
綜合業務組／何欣穎

線上學習中心總監／陳冠蒨
數位營運組／顏佑婷
企製開發組／江季珊、張哲剛

發 行 人／江媛珍
法律顧問／第一國際法律事務所 余淑杏律師・北辰著作權事務所 蕭雄淋律師
出　　版／美藝學苑
發　　行／台灣廣廈有聲圖書有限公司
地址：新北市235中和區中山路二段359巷7號2樓
電話：（886）2-2225-5777・傳真：（886）2-2225-8052

代理印務・全球總經銷／知遠文化事業有限公司
地址：新北市222深坑區北深路三段155巷25號5樓
電話：（886）2-2664-8800・傳真：（886）2-2664-8801
郵政劃撥／劃撥帳號：18836722
劃撥戶名：知遠文化事業有限公司（※單次購書金額未達1000元，請另付70元郵資。）

■出版日期：2022年03月
ISBN：978-986-6220-47-0

■初版2刷：2024年03月